Ein Handbuch für Spielzeughunde,

wie man sie züchtet, aufzieht und füttert

Frau Leslie Williams

Writat

Diese Ausgabe erschien im Jahr 2023

ISBN: 9789359254081

Herausgegeben von
Writat
E-Mail: info@writat.com

Inhalt

VORWORT ZUR DRITTEN AUFLAGE ....- 1 -

KAPITEL 1 ....- 2 -

KAPITEL II ....- 6 -

KAPITEL III ....- 10 -

KAPITEL IV ....- 14 -

KAPITEL V ....- 20 -

KAPITEL VI ....- 23 -

KAPITEL VII ....- 30 -

KAPITEL VIII ....- 41 -

KAPITEL IX ....- 72 -

VORWORT ZUR DRITTEN AUFLAGE

Dieses kleine Buch wurde in seinen früheren Auflagen durchwegs so freundlich und zuvorkommend aufgenommen, dass ich hoffen darf, dass es auch bei seinem dritten Erscheinen noch neue Freunde findet. Es hat mir die größte Freude bereitet, von Korrespondenten in vielen Ländern zu hören, dass sie es genauso hilfreich fanden, wie ich es mir von einem Handbuch erhofft hatte, das vollständig auf tatsächlichen persönlichen Erfahrungen basiert.

In den Jahren, die vergangen sind, seit ich zum ersten Mal über Hunde geschrieben habe, hat es in der Veterinärwissenschaft und -praxis wunderbare Fortschritte gegeben. Operative Eingriffe unter Narkose können unseren Haustieren fast genauso viel Linderung verschaffen wie unser eigenes Leid. Allerdings gibt es bei Hunden immer noch viele Krankheiten, für die es in der Natur keinen Grund gibt und die im Laufe einiger Generationen vollständig besiegt werden könnten, wenn das Vorurteil gegenüber einer natürlichen und vernünftigen Ernährung vollständig aufgegeben würde. Hundebesitzer davon zu überzeugen, das Füttern von Fleisch auszuprobieren – ein ehrliches Experiment hat es meiner Erfahrung nach noch nie verfehlt, auch die größten Skeptiker zu überzeugen – war mein ständiges Bemühen , und ich kann nicht zulassen, dass das „Spielzeughunde-Handbuch" ohne eine weitere Reise weitergeht Ich möchte noch einmal betonen, dass das Geheimnis des wirklich erfolgreichen Hundebesitzers ein sehr einfaches ist, das sich in den vier Buchstaben FLEISCH ausdrückt. Ich muss mich bei zahlreichen freundlichen Freunden für die Hilfe bei der Bereitstellung der Illustrationen bedanken, bei denen es sich fast ausschließlich um Bilder aktueller Siegerhunde und Beispiele nicht nur für Schönheit und Showpunkte, sondern auch für perfekte Gesundheit handelt. Ich bin auch *The Illustrated Kennel News* für die Leihgabe von Blöcken und anderen freundlichen Gefälligkeiten zu großem Dank verpflichtet, ebenso wie *The Ladies' Field* , einer Zeitung, die sich in ihren Zwingerkolumnen dem Wohl der Hunde widmet.

ML WILLIAMS.

SWANSWICK , BATH ,
5. Mai 1910.

KAPITEL 1

Spielzeughunde für Profit

Die Frage, die bei Spielzeughunden vielleicht am häufigsten gestellt wird, ist, ob die Haltung als Vergnügen und Hobby durch die Zucht und den Verkauf der Welpen mit Gewinn verbunden werden kann. Auf eine solche Frage ist es aus diesem Grund sehr schwer, eine eindeutige Antwort zu geben – ob die Zucht von Spielzeughunden rentabel gemacht werden kann oder nicht, hängt erstens vom Charakter des Unternehmers und zweitens von diesem unergründlichen Faktor ab: dem Schicksal. Einige von uns widmen sich unseren Hunden, geben sich unendlich viel Mühe um sie und geben großzügig Geld für sie aus, mit dem geringstmöglichen Gewinn; Andere machen zwar nicht annähernd so viel Aufhebens um ihre Haustiere, schaffen es aber, in regelmäßigen Abständen gesunde Würfe zu produzieren und sie zu lukrativen Preisen zu verkaufen. Alles, was man tun kann, ist, dem Neuling vor Augen zu führen, wie man es *nicht* macht, und jedem einzelnen die Chancen zu überlassen, die man Glück nennt und für die sein Stern verantwortlich ist. Wenn man ein Jahr nach dem anderen vergleicht und Geduld, Ausdauer, Zuneigung zu den Hunden und einige geschäftsmäßige Eigenschaften des Aspiranten voraussetzt, bin ich der Meinung, dass Spielzeughunde dazu gebracht werden können, ihre Ausgaben zu bezahlen und eine Gewinnspanne zu hinterlassen; dies gilt bei Nichtausstellern. Wenn eine Ausstellung in Betracht gezogen wird, steht das Glückselement noch stärker im Vordergrund und ein gewisses Maß an lokaler und allgemeiner Erfahrung ist für den Erfolg von entscheidender Bedeutung. Wenn es jedoch einmal gelingt, Preise zu gewinnen, ist der Verkauf der Welpen viel sicherer und natürlich sind höhere Preise zu erzielen.

Um sich ein kleines Einkommen zu erwirtschaften, ist die Hundezucht gelegentlich erfolgreich, vorausgesetzt, der Züchter verfügt über Vorteile in Form von angemessenen Unterkünften und viel Zeit, die er übrig hat, und natürliche Begabung ist nicht erwünscht; aber ich würde sehr zögern, einer armen Dame, die keine Erfahrung mit Hunden hat, vorzuschlagen, dass sie Kapital in ein solches Unterfangen investieren sollte. Viele Menschen scheinen von der Idee besessen zu sein, dass sie nur eine Hündin oder mehrere Hündinnen kaufen müssen (im Allgemeinen letztere, da der Anfänger immer dazu neigt, zunächst auf dem Felsen der Überfüllung und des Überbestands zu scheitern) und sie mit einigen guten verpaaren zu lassen -bekannter Vater, um einen schönen, gesunden Welpenwurf zu gewährleisten, der sofort zu hohen Preisen verkauft werden kann, nachdem er in der Zwischenzeit mit Hundekeksen gefüttert und mehr oder weniger von jedem, der gerade zu Hause ist, versorgt wurde. Kein größerer Fehler! Wenn Sie mit Spielzeughunden erfolgreich sein wollen, müssen Sie sich auf jeden Fall selbst und nicht krampfhaft um die Haustiere kümmern, solange Sie nicht über beträchtliche Erfahrung und darüber hinaus über die Fähigkeit verfügen, andere anzuleiten und verständlich zu machen, was nie eine leichte Aufgabe ist , aber regelmäßig; Sorgen Sie dafür, dass sie sich bewegen und ausreichend Nahrung in angemessener Menge und Vielfalt sowie zu festgelegten und regelmäßigen Zeiten erhalten. man muss immer ein Auge offen haben, um die kleinsten Anfänge einer Krankheit zu bemerken – eine Wachsamkeit, die Dienstboten zum Beispiel niemals begreifen, geschweige denn üben können ; Und schließlich müssen Sie sich ein Ziel setzen und es beharrlich verfolgen , auch wenn Sie vielleicht und wahrscheinlich oft ungeduldig und verzweifelt sind. Außerdem müssen Sie darauf vorbereitet sein, die Hunde richtig zu pflegen, wenn sie krank sind. Niemand kann erwarten, von Krankheiten verschont zu bleiben, weder Hund noch Mensch, und eine gute Pflege ist in dem einen Fall ebenso notwendig wie in dem anderen. Ein kranker Spielzeughund muss sauber gehalten, gestreichelt, mit ihm zusammensitzen, mit ihm gesprochen und mit netten Dingen in Versuchung geführt werden, wie ein krankes Baby, denn der kleine Geist hat viel mit dem zarten Körperbau zu tun, und Schmerz und Schwäche brauchen Mitgefühl und Reaktion eifrig dazu. Eine kleine Spielzeughündin, die es gewohnt ist, bei jedem Impuls zu ihrem Besitzer zu fliegen, kann nicht allein gelassen werden, um Welpen zu bekommen – auch wenn ihre umständlichen Vorbereitungen, die manchmal die ganze Nacht dauern, ziemlich ermüdend sind. Jemand muss bei ihr bleiben und sie trösten, bis ihre Sorgen vorüber sind; andernfalls wird sie sich Sorgen machen und sich Sorgen machen, bis sie, wenn die Welpen auftauchen, keine Milch mehr für sie hat.

All diese kleinen Anforderungen und Notwendigkeiten mögen denjenigen absurd erscheinen, die denken, ein Hund sei ein Hund und nichts weiter; Aber wir haben Generation für Generation Spielzeuge gezüchtet, die in unserer ständigen Gesellschaft sind, und sie fast menschlich intelligent gemacht, während ihre kleinen Gehirne natürlicherweise kein menschliches Gleichgewicht haben; Und dass ein nervöser Spielzeughund eine solche Rücksichtnahme *braucht* , werden mir sicher alle erfolgreichen Züchter zugestehen. Gleichzeitig befürworte ich keineswegs das alberne System des übermäßigen Streichelns und Überfütterns, durch das Hunde für sich selbst und alle anderen zur Belästigung werden können. Weil für ein Kind gesorgt werden muss, bedeutet das nicht, dass es verwöhnt werden muss: Wir sollten ihm einen Hut aufsetzen, wenn es in die Sonne geht, aber wir müssen nicht neben ihm hergehen und einen Regenschirm darüber halten; Und so verhält es sich mit unseren kleinen Hunden – sie müssen bewacht und gepflegt werden, aber sie müssen und sollten nicht verhätschelt und albern gemacht werden.

Ich habe keine Meinung von einem Hund, der nicht ausgeht, weil es regnet, sondern sich lieber im Haus als unangenehm erweist; oder von einem, der den kleinen Keksanteil in seinem Abendessen lässt und dann vorbeikommt und sich am Arm kratzt, um mehr Fleisch zu verlangen; oder von einem, der zum Feuer zurückeilt, wenn an einem kühlen Tag ein Spaziergang empfohlen wird. Solche Hunde wurden nicht richtig versorgt; Es ist nicht Zuneigung zu ihnen, die auf ihr Wohlergehen abzielt, sondern geradezu Albernheit, die für ihre Maßlosigkeit verantwortlich ist. Es sei Dank , dass Spielzeughunde dieser Art immer seltener vorkommen, und in der Tat würde jeder, der sie aus Profitgründen behalten möchte, aus Eigeninteresse von einer solchen Art abhalten, denn verwöhnte Hunde sind keine solchen frei züchten und ihren Welpen gerecht werden.

Wenn es notwendig ist, dass die Hunde ihren Lebensunterhalt bestreiten, ist es von größter Bedeutung, dass die unvermeidlichen Kosten für den Start und das Sammeln von Erfahrung sorgfältig abgewogen werden. Es ist kein schlechter Plan, sich einen kleinen, billigen Hund anzuschaffen und ihn durch einen Wurf zu sehen, bevor man sich auf eine „bezahlte" Rasse einlässt, denn wenn es um diese geht, ist es sinnlos, eine Rendite zu erwarten, wenn nicht ein wirklich guter Preis für den wertvollen Bestand gezahlt wurde zunächst. Gelegentlich sieht man Spielzeuge wie Japs and Poms, die sehr billig beworben werden; und ich habe Leute gekannt, die diese Anzeigen mit rosigen Visionen studiert haben, eine Hündin von einer hervorragenden Rasse zu „holen", die für ein oder zwei Guineas – mit einem kleinen Fehler, wie ein paar weißen Haaren, um sie zu verbilligen – der Zucht von Showrassen auskommt sie und macht ein kleines Vermögen. Chancen wie diese stehen dem Anfänger selten im Weg. Der beste Start , den eine angehende Züchterin ohne jegliche Erfahrung haben kann, besteht darin, sich in die Hände einer erfolgreichen Züchterin zu begeben und eine junge Hündin zu kaufen, die aus einer erfolgreichen Rasse stammt, auch wenn sie einige Fehler aufweisen kann ein fairer Preis – der nicht niedrig sein wird – und den Rat des Züchters hinsichtlich der Paarung usw. zu befolgen. Oder es ist keineswegs ein schlechter Plan, ein paar nicht verwandte junge Welpen zu kaufen und sie aufzuziehen. Mehr dazu im Kapitel Zucht.

Der Kauf importierter oder reinrassiger Kleinspielzeuge für die Zucht ist eine reine Lotterie. Ausländische Züchter gehen äußerst nachlässig mit ihren Stämmen um und auf die Reinheit des Blutes kann man sich nie verlassen. Ein weiterer Punkt, der im Zusammenhang mit einer gewinnbringenden Spielzeugzucht beachtet werden muss, ist die Notwendigkeit der Gesundheit im Zwinger. Ich sage „Zwinger", weil es ein nützliches Wort ist, aber ich bin weit davon entfernt, anzudeuten, dass Spielzeug jeglicher Art so aufbewahrt werden sollte, wie es bei größeren Hunden unter „einer Zwinger" zu verstehen ist. Der Züchter, der am meisten Erfolg hat, ist ausnahmslos

derjenige, der eine oder zwei oder sogar vier oder fünf Haushündinnen hält
, die im Haus herumlaufen und dabei die volle Freiheit und das ganze Glück
persönlicher Favoriten genießen , vielleicht sogar mit einem Hund dieser Art
Party. Der Züchter, der am meisten mit Hautbeschwerden, Staupe, hohen
Tierarztrechnungen und all den Kosten, die den Gewinn verschlingen, wie z.
B. Krankenfutter, zu kämpfen hat, ist derjenige, der „Zwinger" gebaut oder
eingerichtet hat, egal mit welchem Aufwand, und füllte sie mit Hunden.

KAPITEL II

ÜBER ZUCHT

Sehr kleine Hündinnen, und insbesondere solche, die bestimmten Rassen angehören und als „scheu" bekannt sind, sind nicht nur häufig nicht bereit, sich überhaupt zu paaren, sondern sind nicht selten auch sehr gleichgültige Mütter, während die Hündin bei der Welpenentwicklung große Risiken birgt der Vater größer ist als sie selbst, oder wenn in der unmittelbaren Abstammung auf beiden Seiten größere Hunde vorkommen. Aus diesen Gründen werden Zuchthündinnen stets mit Bedacht mittlerer Größe ausgewählt und mit sehr kleinen Hunden verpaart. Bei allen Rassen, die unter die Kategorie Spielzeug fallen, ist Kleinheit ein Wunsch, aber die Praxis der Inzucht, auf die häufig zurückgegriffen wird, kann nicht genug verurteilt werden; Die ebenso falsche Vorstellung, dieses Ziel durch Unterernährung der Welpen zu erreichen, hat jedoch auch zur Schwäche der Konstitution beigetragen, die für einige Rassen einen immensen Nachteil darstellt. Die Berechnung von Größe nach Gewicht ist eine weitere fehlerhafte Praxis, die den wahren Interessen von Spielzeugen, die wir gleichzeitig klein und gesund haben wollen, sehr zuwiderläuft; Denn ein sehr kleiner Hund kann, wenn er kompakt und robust ist, viel mehr wiegen als ein langbeiniges Exemplar, das dem Auge wiederum halb so groß vorkommt.

Eine Hündin von 5 Pfund. bis zu 7 Pfund, wenn sie, wie ich bereits sagte, von einer kleinen Rasse sind, können sicher für die Zucht verwendet werden, und je kleiner der Hund, desto besser, vorausgesetzt, er ist gesund. Der Plan, Hündinnen an einen Deckrüden zu schicken, spart die Kosten für den Kauf eines eigenen Hundes; Die Siege des Vaters tragen wesentlich dazu bei, die Welpen zu verkaufen, und man kann im Allgemeinen damit rechnen, dass die guten Dienste seines Besitzers dem Neuling helfen; Aber die Frage hat noch andere Facetten.

Diese winzigen Hunde, die häufig ausgestellt werden, sind oft sehr unzuverlässige Vererber; Sie arbeiten zu hart und ihren Besitzern ist es manchmal sehr gleichgültig, ob die Besuchshündinnen zufriedenstellend versorgt werden . Zwar sehen die Konditionen immer einen kostenlosen zweiten Besuch vor, oder sollten dies auf jeden Fall immer tun, wenn der erste erfolglos bleibt, aber es gibt auch den Zeitverlust, die Enttäuschung für den Besitzer und manchmal auch für die kleine Hündin selbst, die vielleicht ruhig gewesen ist Sie war bestrebt, sich fortzupflanzen und hatte keine faire Chance, und die Mühe und die Kosten, die für sie mit der Reise verbunden waren, waren für sie unerlässlich. Im Großen und Ganzen bin ich sehr geneigt, dem Anfänger zu raten, auf jeden Fall damit *zu beginnen* , einen männlichen Welpen von Rassen wie Pekinesen und Greifen oder den selteneren Spielzeug-Bulldoggen aufzuziehen und ihn für die Zucht zu Hause zu verwenden; denn der andere Plan wird weniger wahrscheinlich zu Enttäuschungen führen, wenn ein wenig Wissen über die Zwingerwelt im Allgemeinen gewonnen wurde. Dies natürlich, es sei denn, die ganze Sache wird unter der Ägide eines erfahrenen Eigentümers in Angriff genommen, wie bereits erwähnt. Einige kleine Hündinnen sind äußerst launisch und nehmen von einem fremden Hund nicht die geringste Notiz, wenn sie sich bereitwillig mit einem Hund paaren , den sie kennen und mögen. Andere sind von einer Reise und einem fremden Ort so verunsichert, dass sie *für sie nutzlos sind* . ; Wieder andere sind nicht zweimal im Jahr zur Zucht bereit, wie es bei Hündinnen üblich ist, sondern kommen möglicherweise nur alle zwölf Monate zur Saison, und das dann nur flüchtig. In solchen Fällen ist es unbedingt erforderlich, einen Hund vor Ort zu haben. Wenn ein Vererber unter Fremden ausgewählt werden muss, sollten seine Punkte diejenigen korrigieren, in denen die Hündin mangelhaft ist; Ihr Spielzeugmops hat möglicherweise einen zu kleinen Kopf mit wenig Falten – Sie müssen sich einen Hund mit guten Kopfeigenschaften als Partner suchen; Ihr Pom kann einen langen Rücken haben, und Sie müssen ein Männchen mit der gegenteiligen Qualität und einem Federbusch suchen, der weit über die Halskrause reicht.

Die ersten Welpen zweier junger Hunde sind im Allgemeinen größer als die Eltern, aber ich glaube nicht, dass die oft vertretene Theorie, dass der erste Wurf immer der beste ist, nicht glaubt. Welpen eines sehr alten Vaters sind normalerweise klein.

Wenn eine Spielzeughündin weggeschickt wird, sollte sie sorgfältig in einem geräumigen, warmen Korb verpackt werden; Die Bereitstellung von zugigen, zerfallenden Körben ist eine falsche Sparsamkeit, sowohl für Ausstellungs- als auch für Zuchtzwecke. Wenn möglich, sollte ein Spielzeughund beiderlei Geschlechts eine gemütliche kleine Korbhütte mit Tür haben , die er zu Hause als Schlafplatz nutzen und in der er reisen kann; Für mehr Sicherheit kann der Korb mit einer Außenhülle aus Holz ausgestattet werden, der Hund übersteht die Reise jedoch deutlich besser, wenn er sich in einem vertrauten Korb befindet. Es sollte etwas mit einer spitzen oder abgerundeten Spitze gewählt werden; Die Belüftung ist dabei sicherer, da Pakete mit flachen Seiten und flacher Oberseite im Wagen eines Wachmanns so überfüllt sein können, dass der Insasse erstickt.

GRIFFON BRUXELLOIS. „Sparklets", Eigentum von Miss Johnson.

Die übliche Dauer der Zuchtbereitschaft einer Spielzeughündin beträgt etwa eine Woche. Dem geht eine etwa zweiwöchige Vorbereitung voraus, etwa eine Woche lang die allmähliche Vergrößerung der betroffenen Teile und eine Woche lang ein farbiger Ausfluss aus der Gebärmutter und der Vagina. Eine oder alle Phasen können länger oder kürzer dauern; als Zeitraum werden jedoch allgemein drei Wochen angenommen. In den ersten beiden Phasen sollte kein Deckungsversuch mit der Hündin unternommen werden; Erst wenn die Entladung aufhört, ist sie bereit, und die richtige Einschätzung dieser Zeit ist es, die Amateuren vor allem Rätsel aufgibt, auch wenn sie, nachdem sie es einmal durchgemacht haben, keine Schwierigkeiten mehr finden werden. In der Regel werden Hündinnen zu früh weggeschickt, und da es oft nur wenige Annehmlichkeiten gibt, sie im Haus des Deckrüden zu halten, werden sie Tag für Tag eingesperrt und können vor der eigentlichen Paarungszeit ziemlich „abgestanden" und langweilig werden kommt – eine schlechte Aussicht. Wenn die beiden Hunde zusammen im Haus sind, sollte der Rüde vom ersten Moment an, in dem er sich zu ihm hingezogen fühlt, vollständig von der Hündin ferngehalten werden, bis sie bereit ist, sonst wird er sie unaufhörlich beunruhigen und letztendlich selbst gleichgültig und nutzlos werden Gegenstand. Toy-Hunde sollten in Zuchtangelegenheiten niemals sich selbst überlassen werden; Dies ist äußerst gefährlich, insbesondere wenn sie jung und unerfahren sind, und ich rate dem Anfänger dringend, entweder einen erfahrenen Züchter zu beauftragen, der die Sache beaufsichtigt und Ratschläge gibt, oder, wenn dies nicht gelingt, die beiden Hunde zu schicken, wenn das Weibchen dazu bereit ist für ein paar Stunden zu einem freundlichen und vernünftigen Tierarzt. Sie sollten zweimal zusammen sein dürfen, entweder an aufeinanderfolgenden Tagen oder mit einem Tag dazwischen.

Nach der Paarung muss die kleine Toy-Hündin gestreichelt und gut versorgt werden: nicht überfüttert, sondern mit reichlich gutem, nahrhaftem Futter versorgt und systematisch trainiert werden. Wenn sie ein Junge ist , wird dies etwa in der fünften bis siebten Woche sichtbar. Manche Hunde zeigen es viel mehr als andere; Unabhängig davon, ob sie Welpen hat oder nicht, wird sie auf natürliche Weise mit Milch versorgt. Wenn sie nicht zur Welt kommt, kann es sehr wahrscheinlich sein, dass sie in der Hälfte der üblichen Zeit wieder brünett. Ein Versäumnis, sich beim Welpen zu bewähren, zeigt sich im Allgemeinen daran, dass die Hündin sehr schwer und träge ist, viel schläft, sehr dick wird und ausgesprochen dumm ist; Geben Sie ihr unter diesen Umständen zusätzliche Bewegung und ein oder zwei kleine Dosen Magnesiasulfat in der Nahrung, um Hautreizungen abzuwehren, eine nicht ungewöhnliche Begleiterscheinung. Die Leute sind viel zu geneigt zu entscheiden, dass das „Vermissen" die Schuld der Hündin ist; sicherlich neigt sie dazu, zu vermissen, wenn sie zum Zeitpunkt der Paarung zu dick ist, und die Natur sorgt oft und sehr vernünftig dafür, dass sie dies tut, wenn sie mehrere Male regelmäßig zu ihren Jahreszeiten gezüchtet wurde; aber außerhalb dieser Fälle ist es genauso oft die Schuld des Hundes wie nicht.

Eine häufig gestellte Frage ist, ob es wünschenswert oder nicht sinnvoll ist, einer Spielzeughündin während der Trächtigkeit oder kurz vor der Geburt ihrer Jungen ein Medikament gegen Würmer oder ein Mittel gegen Würmer zu verabreichen. Es empfiehlt sich auch, gegen Ende der dritten Woche eine milde Dosis Wurmmittel zu verabreichen, wenn bekannt ist, dass die Hündin stark von diesen Parasiten geplagt ist; aber es wäre viel besser gewesen, ihr die Dosis zu verabreichen, bevor die Brutzeit kam. Was das Apéropräparat vor dem Welpen betrifft, das uns oft empfohlen wird, so ist es ein völlig unnötiger Eingriff in die Natur, und wenn Rizinusöl, ein heftiger Reizstoff für Hunde, verwendet wird, ist das reine Grausamkeit, die wahrscheinlich sehr schlimme Auswirkungen haben wird.

KAPITEL III

Die Spielzeugschlampe beim Welpen

Bei Hunden wechselt sich in der Regel eine zu große Einmischung mit einer Missachtung ihrer natürlichen Empfindungen ab, wenn es um die Geburt von Welpen geht. Es ist ganz natürlich, dass die kleine Hündin, die sich verzweifelt und unwohl fühlt, viel Aufmerksamkeit und Aufmerksamkeit beansprucht, und wenn sie zum Haustier gemacht wurde, wird sie erwarten und verdienen, dass sie ihre Welpen bei ihrem Herrchen haben darf Ankleidezimmer oder ähnlicher Luxus; was man ihr gönnen sollte. Sobald sie aber die Vorbereitungen überstanden hat, die ich gleich beschreiben werde, sollte sie, soweit möglich, die manuelle Hilfestellung sich selbst überlassen. Die Natur wird die Welpen weitaus besser auf die Welt bringen als unsere ungeschickten Hände, und selbst der kleinste Tyrann einer einjährigen Hündin besitzt im Allgemeinen den wunderbaren Instinkt, der ihr beibringt, ihre Babys bequem auf dem Meer des Lebens schwimmen zu lassen . Die Missachtung der Gefühle eines Hundes, die ich angedeutet habe, kann darin bestehen, dass man eine kleine Hündin in den Stall schickt, um dort unter der Obhut eines Kutschers oder Stallknechts Welpen zu bekommen, und das kann grausam sein oder auch nicht, je nachdem, ob sie welche hat Zuneigung zu dem Mann oder Kenntnis ihres vorübergehenden Aufenthaltsortes; Ich persönlich würde es unter allen Umständen als unfreundlich betrachten.

Der Beginn der Probleme der Spielzeugschlampe ist für ihre Besitzerin fast genauso schnell erkennbar wie für sie selbst. Sie keucht und rennt aufgeregt umher, kratzt hier und da und baut für ihre Welpen an allen möglichen ungeeigneten Orten völlig unmögliche und absurde Nester. Dies kann tagelang dauern, wird aber in der Regel nur wenige Stunden vor der Ankunft der Welpen durchgeführt, was übrigens neun Wochen nach der Paarung der Fall sein wird. Manche Hündinnen schreien vor der Geburt sehr beunruhigend, in der Regel wird ihnen das Futter verweigert und die werdende Mutter ist oft krank. Es muss jedoch keine Angst empfunden werden. Sobald sie es wirklich ernst meint, wird sie sich beruhigen und sich an dem für sie vorbereiteten Platz niederlassen, der nach Wahl ein großer, tiefer Sessel sein sollte, mit einer zusammengefalteten weißen Decke — alles, was alt und sauber ist, reicht aus Sitzfläche davon und darüber ein altes Baumwolllaken, ebenfalls gefaltet und so befestigt, dass die Hündin es nicht hochziehen kann in dem törichten Versuch , das Bettenmachen von Menschen zu verbessern, von dem Hunde immer betroffen sind und die, wenn man ihnen nachgibt, sie in verzweifelte Beschwerden bringen auf der Spitze einer Art Lumpenvulkan!

In neun von zehn Fällen entscheidet sich eine Hündin für den Welpen in der Nacht, und die Stunden scheinen oft sehr lang zu sein, während sie möglicherweise in offensichtlicher Unruhe liegt und schläft, ab und zu aufsteht, um ihr Bett zu machen, und keucht, als wäre sie erschöpft. Es ist völlig sicher, sie zwölf Stunden lang in diesem Zustand zu lassen, aber wenn sie zu diesem Zeitpunkt schwächer zu werden scheint und keine Welpen gekommen sind, sollte die Dienste des Tierarztes in Anspruch genommen werden. Wahrscheinlich wird sie nichts essen, aber vielleicht wird ihr etwas kalte Milch angeboten. Geben Sie ihr auf keinen Fall etwas Heißes, weder äußerlich noch innerlich, und geraten Sie nicht in Versuchung, ihr irgendetwas anzutun; Der einzige Eingriff, der jemals entschuldbar ist, ist die äußerliche Anwendung von sehr wenig süßem Öl oder Vaseline , die sie ablecken wird und die meiner Erfahrung nach weder schadet noch nützt.

Wenn überhaupt Hilfe benötigt wird, muss es sich um die kompetente Hilfe eines Chirurgen handeln; alles andere ist schlimmer als nutzlos.

FRANZÖSISCHE SPIELBULLDOGGE. „La Reine des Roses", im Besitz von Frau Townsend Green.

Die Welpen werden einzeln geboren, und wenn eine Hündin einen großen Wurf hat, kommen sie in der Regel zu zweit oder zu dritt, mit einem sehr kurzen Abstand zwischen den einzelnen Paaren oder Trios und einer langen

Pause zwischen den Chargen. Die ersten Dienste, die die Mutter ihren Babys erweisen muss, bestehen darin, sie aus dem Beutel mit Membranen zu befreien, in dem sie geboren werden, und die Nabelschnur zu beißen, die jeden Welpen mit der Nachgeburt verbindet – eine fleischige Substanz, die sich bei oder kurz nach der Geburt löst. Alle Tiere mögen es überhaupt nicht, beobachtet zu werden, während sie diese Operationen durchführen; Aber jede Hündin, die auch nur annähernd Mutter ist, wird sie perfekt bewältigen. Als nächstes folgt das Lecken der Welpen, die jeweils in ihren häutigen Beutel voller Flüssigkeit (dem *Liquor amniæ*) eingeschlossen sind und daher tropfnass sind. Hier ist der entscheidende Test: Eine gute Mutter leckt ihre Babys, bis sie warm und trocken sind, füttert sie dann und kuschelt sich mit ihnen in ein erfülltes, intensives Glück. Eine schlechte Mutter hingegen lässt ihre armen Kinder so gut sie kann trocknen, was unweigerlich dazu führt, dass sie eine Art kindliches Hautleiden entwickeln, das wie ein Schorf aus käsiger Substanz aussieht, der an den Haarwurzeln haftet. Es wächst nach und nach mit den Haaren weg und heilt ohne Behandlung, ist aber vorerst hässlich und entstellend und ein trauriger Beweis für die Inkompetenz der Mutter.

Wenn sich die Familie eingelebt hat und die Welpen trocken und komfortabel sind, ist es an der Zeit, ihnen ein wenig Aufmerksamkeit zu schenken. Stellen Sie sich eine Untertasse mit schönem, warmem Milchbrei, zubereitet aus Patentgrütze, so köstlich wie für eine Kranke, und lassen Sie die Mutter davon trinken, was sie sicher mit Dankbarkeit tun wird; Möglicherweise hat sie am ersten Tag in Abständen mehr davon. Dann rollen Sie die verschmutzten Lakenfalten unter ihr und die Einstreu weg, was jetzt möglich ist, ohne sie zu stören, und lassen Sie sie gemütlich auf der sauberen, warmen Decke liegen, die die ganze Zeit darunter lag.

Etwas später kann die Mutter für ein paar Minuten, nicht länger als zwei oder drei, in den Garten gebracht werden; aber sie darf nicht auskühlen. Nach dem ersten Tag sollte sie morgens und nachmittags einen kleinen Spaziergang machen, wobei die Zeit ihrer Abwesenheit mit zunehmendem Alter der Welpen schrittweise verlängert wird.

Bis sie anfangen zu krabbeln, sind wertvolle Spielzeugwelpen oben in einem großen Stuhl, wie beschrieben, oder in einem flachen Korb mit einer gefalteten Decke unten auf dem Stuhl viel sicherer und besser als in jedem Stall oder im Stall Küchenräume, denn egal wie warm, auch dort ist es zugig. Es ist absolut nichts daran, dass ein Haufen kleiner Spielsachen, wenn sie gesund sind, auch nur im Geringsten anstößig wäre, und eine gute Mutter wird sie unter solchen Umständen fast einen Monat lang in perfektem Zustand halten.

Wenn es sich um eine arme oder schwache Mutter handelt und die Welpen unruhig sind, schreien und feucht und trostlos wirken, ist das eine andere Sache. Durch ständige Aufmerksamkeit beim Wechseln des Bettes, teilweises Füttern von Hand mit einem kleinen alten Silberlöffel mit Sahne und heißem Wasser und Plasmon oder Lactol , halb und halb (besser als Milch, obwohl *warme* Milch reicht) und ein tolles Mit viel Geduld kann der Mutter geholfen und die Welpen gerettet werden; aber wo sie nicht wertvoll sind, ist es besser, alle bis auf ein oder zwei zu zerstören; und wo sie es sind, bietet ihnen eine gute Pflegemutter bei weitem die besten Chancen auf Leben und Gesundheit. Es gibt Menschen, die es sich zur Aufgabe gemacht haben, Pflegekräfte zur Verfügung zu stellen, und eine davon sollte so schnell wie möglich in Anspruch genommen werden; durch eine sorgfältige Untersuchung bei der Ankunft sicherzustellen, dass der Fremde keine Hautkrankheit hat und frei von unerwünschten Insekten ist.

Kleine Toy-Hündinnen bekommen anfangs manchmal nur wenig Milch, aber wenn man in den ersten Tagen nur warmes Futter gibt und viel Milch zu trinken gibt, ist im Allgemeinen alles in Ordnung, und solange die Welpen einigermaßen zufrieden zu sein scheinen, ist alles in Ordnung; Der Durchfluss wird sicherlich zunehmen. Sowohl vor als auch nach dem Wurf kommt es in der Regel zu leichtem Durchfall , der aber keine Folgen hat; Wenn es jedoch über den zweiten Tag nach der Geburt hinaus anhält, stellen Sie die Hündin auf ihre gewohnte Ernährung um, trinken Sie etwas kalte Milch und verzichten Sie auf schlampiges Futter. Haferflocken, weder als Haferbrei noch auf andere Weise, sollten nach dem zweiten Tag nicht mehr gegeben werden. Ein Ausfluss von mit Blut vermischtem Schleim ist nach der Geburt üblich und kann mehrere Wochen lang anhalten, wobei die Menge allmählich abnimmt.

KAPITEL IV

ÜBER DIE AUFZÜCHTUNG VON WELPEN

Eine unverzichtbare Ergänzung bei der Aufzucht wertvoller Spielzeugwelpen, die im Haus in der Regel weitaus besser gedeihen als in jedem Stall oder auf dem Gelände im Freien, ist eines der kleinen Häuser und Ausläufe von Spratt oder Boulton und Paul. Da jeder Autor zur Untermauerung seiner Theorie nur persönliche und stellvertretende Erfahrungen anführen kann, darf ich das Verfahren beschreiben, das sich bei meinen eigenen Welpen als erfolgreich erwiesen hat – so wie sie in Haus und Garten geboren, gezüchtet und aufgezogen wurden.

Sobald sie den Korb ihrer Kindheit verlassen (in dem ich sie, wie ich *in Klammern* sagen muss, für entzückendere, hilflose kleine, weiche Häppchen halte, als selbst dann, wenn sie anfangen herumzulaufen, Intelligenz zu zeigen und Nahrung zu brauchen), werden sie mit ihnen bekannt gemacht einer dieser nützlichen Wohnorte, bestehend aus einem Schlafhaus, ausgestattet mit einer kuscheligen Decke, die frei waschbar und oft gewechselt werden kann, und einem kleinen verkabelten Lauf etwa 4 x 2 Fuß. Je größer, desto besser natürlich; Und wenn es einen Boden hat, wie manche es haben, mit kleinen Löchern und einem Abfluss in eine herausnehmbare Wanne, die mit Erde oder Sägemehl gefüllt wird, ist es in Ordnung. Meines ist eine bescheidenere Angelegenheit, hat keinen Boden und steht auf einem Stück Wachstuch, das mit einem großen Blatt braunem Papier bedeckt ist, das täglich erneuert werden kann. Dennoch erfüllt es seinen Zweck sehr gut. Dabei leben die Welpen bis zum Alter von sieben Wochen, wobei der Abwechslung halber zwei- bis dreimal täglich Ausflüge angeboten werden. die Mutter, die im Haus herumläuft, sie nach Lust und Laune besucht und mit ihnen schläft. Im Alter zwischen drei und vier Wochen muss ihnen das Läppen beigebracht werden, was bei einigen Welpen recht einfach und bei anderen schwierig ist. Warme, gekochte Milch sollte die einzige Ergänzung zu dem sein, was die Mutter ihnen gibt, bis sie über einen Monat alt sind: Es ist ein Fehler, Welpen auf Patentnahrung, Brot, Milch und dergleichen zu drängen. Lassen Sie nicht zu, dass sie eine Untertasse haben und diese umwerfen , indem sie hineinfallen und sich selbst in Unordnung bringen, um alles Saure und Unangenehme auszutrocknen, sondern halten Sie ihre kleinen Köpfe einen nach dem anderen, während sie lecken, denn sie *werden* in die Untertasse nicken und das senden Milch fliegt.

Sobald die Welpen stark auf den Beinen sind, brauchen sie mehr Bewegung und Spaß, als der Auslauf ihnen erlauben kann, und jetzt ist es an der Zeit, sie von den Teppichen zu nehmen, die sie im späteren Leben nie mehr respektieren werden, wenn man sie darf Behandle sie schlecht wie ältere

Babys. Es ist kein schlechter Plan, sie von nun an in der Küche wohnen zu lassen, da verschiedene Dinge provisorisch sind. Die eine besteht darin, dass das leitende Genie unter Ihrer Aufsicht für die kleinen Mahlzeiten sorgt; Das heißt, Sie füttern sie viermal am Tag, und sie oder er verpflichtet sich, dafür zu sorgen, dass niemand anderes dies tut. Eine andere, dass sich die Küche in den oder einen Garten öffnet und dass die Welpen dort bei warmem Wetter in der Sonne herumlaufen und so unmerklich Manieren lernen können; noch ein weiterer, dass es ein warmer, zugfreier Ort ist, mit einer schönen Ecke für ihren Schlafkorb. Manche Menschen, deren untere Regionen dieser Beschreibung nicht entsprechen oder deren Diener nicht zuvorkommend sind, verfügen möglicherweise über einen besetzten Stall, in dem die Welpen eine Laufbox oder einen Laufstall haben können. Diesen Plan empfehle ich *nicht* , denn Spielzeugwelpen kommen in ständiger menschlicher Gesellschaft weitaus besser zurecht; Aber es oder die Alternative, sie in einem Raum mit Wachstuchboden aufzubewahren, sind alles, was sich anbietet, was die wünschenswerte Küche verfehlt. Ich habe gesehen, dass Spielzeugwelpen sich prächtig in einem sonnigen kleinen Zimmer fühlen, das mit einem Korkteppich ausgelegt ist, mit gemütlichen Schlafboxen ausgestattet ist und auf einen Terrassengang führt, wo sie an allen schönen und sonnigen Tagen spielen dürfen; aber sie wurden nicht allzu sehr sich selbst überlassen, und ihre Wohnung wurde sorgfältig gepflegt, und Besen und Sägemehlpfanne gingen weiter, so wie in meiner Küche die Diener sich beeilen, alle unschönen Spuren ihrer Anwesenheit zu beseitigen. Diese Zeit, in der Spielzeugwelpen zu jung sind, um trainiert zu werden, zu alt, als dass ihre Mutter sie aufräumen könnte, und außerdem so jung, dass sie Wärme und ständige Beobachtung benötigen, ist die schwierigste Zeit in ihrem Leben und die, in der so viele von ihnen leben sie sterben. Vernachlässigung oder schmutzige Umgebung sind für diese kleinen, empfindlichen Atome tödlich, denn sie erfordern eigentlich die gleiche Aufmerksamkeit, die wir einem Baby schenken sollten; Monotonie – stunden- oder tagelang in einem kleinen Raum eingesperrt zu sein – und der Mangel an frischer Luft ziehen viele dahin; Sauermilch, herumliegendes Essen, unregelmäßiges Füttern und Einschlafen in Zugluft sind allesamt Gefahrenelemente. Wir wollen ihnen Wärme und Trockenheit geben, ohne dass es ihnen stickig oder überhitzt; wir wollen ihnen regelmäßig, viermal am Tag, süße, verlockende, *saubere* kleine Mahlzeiten geben, so viel, wie sie eifrig essen können, und nicht mehr; Wir möchten ihnen ein gemütliches Tagesbett bieten, auf dem sie schlafen können, wann immer sie Lust dazu haben – was oft der Fall sein wird – und ihnen schließlich die frische Luft und die Sonne im Freien bieten, die sie bekommen können, ohne Angst vor Kälte zu haben . So kommt es, dass Sommerwelpen, die im Frühling geboren werden und das beste Wetter vor sich haben, viel besser abschneiden als Welpen, die im Winter die kritische Zahnungsphase durchlaufen müssen.

Ein Spielzeugwelpe wächst schneller als beispielsweise ein Terrier und wird natürlich viel früher erwachsen als ein großer Hund; Die kurzhaarigen Sorten wiederum werden früher reif als die langhaarigen. Ein Yorkshire-Terrier ist mit einem Jahr ausgewachsen, erhält aber seine volle Fellschönheit erst mit etwa zwei Jahren. Ein Spielzeug-Schipperke ist sozusagen mit zehn oder elf Monaten ausgewachsen, aber sein Fell wird immer dicker und besser, und sein Fell wächst und verhärtet sich wahrscheinlich noch mindestens ein weiteres Jahr. Die Jacke eines Poms wird mit jeder Mauser prächtiger , bis er drei Jahre alt ist. Als allgemeine Regel lässt sich festhalten, dass der Hund mit zehn Monaten kein Welpe mehr ist, wenn das Zahnen fast immer vollständig abgeschlossen ist. Das gleiche Zahnen ist ein mühsamer Prozess, der den Austausch des ersten Satzes kleiner Elfenbeinstücke gegen die bleibenden zweiundvierzig umfasst, die den Besitzer durch das Leben tragen sollen. Fast jeder Welpe leidet dabei mehr oder weniger, manche unter Anfällen, manche unter Hautreizungen, manche unter Erkältungen im Kopf und an den Augen, manche unter allgemeinem Fieber; Aber die Beschwerden sind vorübergehender Natur und klingen im Allgemeinen von Zeit zu Zeit ab und kehren wieder zurück, wenn jeder große Zahn geschnitten wird. Am schlimmsten ist es, wenn die ersten Zähne nicht vollständig ausfallen, sondern *an Ort und Stelle bleiben* und sich ein zweiter Zahn an einer Seite des verbleibenden Eindringlings nach oben drängt. Dieser Zustand führt mit ziemlicher Sicherheit zu Zahnanfällen, von denen ich später mehr erfahren werde. Das Gebiss beginnt etwa im vierten Monat, und wenn der Hund sicher vorbei ist, kann er als gut erzogen gelten.

Pommerscher Welpe. Im hässlichen Alter.

Staupe, also die beiden Krankheiten, die üblicherweise so beschrieben werden, sind ein Schreckgespenst, aber es genügt zu sagen, dass kein Welpe sie haben sollte. Wenn ja, liegt das daran, dass jemand durch Zufall oder Fahrlässigkeit zugelassen hat, dass er sich ansteckt. Sich selbst überlassen, konnte er sich darauf nicht einlassen, denn es ist nicht spontan und kann auch nicht sein.

Kleinere Hautprobleme wie Welpenpocken, bei denen die Haut an der Unterseite des Körpers rot ist und sich kleine Pusteln bilden und eitern, ähnlich wie bei Windpocken – obwohl Welpenpocken nicht ansteckend sind – betreffen oft die stärksten Welpen; und ein Welpe, der „mit einem Ausschlag Zähne hat", wird von Züchtern im Allgemeinen als jemand angesehen, der, wenn er ansteckend ist, „Staupe" nicht sehr schlecht, wenn überhaupt, verträgt. Ob es jedoch irgendeine Grundlage für diese Meinung gibt, I Ich kann es nicht sagen. Persönlich haben meine Welpen nie Staupe, einfach weil sie nie eine Chance haben; Aber wo andere Hunde aus dem Haus zu Ausstellungen hin und her gehen, ist es fast sicher, dass sie es früher oder später zu den Babys nach Hause bringen. Eines Tages werden wir zweifellos einen Kreuzzug zur Ausrottung dieser schrecklichen Krankheiten unternehmen oder Prophylaxemittel entdecken. Gegenwärtig müssen sie als Unglück angesehen werden, das uns *vielleicht nie widerfahren wird.* Die

Erziehung von Welpen zu Hause ist eine Aufgabe, die sich am einfachsten dadurch bewerkstelligen lässt, dass man sie täglich für kurze Zeit aus der Küche oder wo auch immer sie leben, in ein Wohnzimmer bringt und ihnen das nach und nach beibringt Auf ein Vergehen folgt sofort die Entlassung in den Garten oder ins Freie. Kleine Hunde zu schlagen ist sinnlos und unfreundlich, aber man kann sie sanft ausschimpfen und den Säugling am Genick tragen. Das Tolle daran ist, diese Fortsetzung unveränderlich zu machen, denn Hunde haben einen großen Gerechtigkeitssinn und merken bald, dass sie in diesem Fall Unrecht getan haben; Wenn ihnen hingegen erlaubt wird, etwas dreimal zu tun und sie beim vierten Mal dafür geschlagen werden , verstehen sie den Grund der Zurechtweisung überhaupt nicht.

Einige Spielzeugarten sind viel einfacher zu erlernen als andere; Persönlich habe ich festgestellt, dass es vergleichsweise schwierig ist, Poms-Hunde ins Haus zu bringen, und Black-and-Tan-Terrier sind selten absolut zuverlässig; während Rehkitz-Möpse im Allgemeinen abgeneigt sind, bei nassem oder sehr kaltem Wetter ins Freie zu gehen; aber Geduld und Ausdauer reichen in fast allen Fällen aus. Auf der anderen Seite kommen einige kleine Hunde sofort ins Haus und machen von Anfang an überhaupt keine Probleme. Ein Hund, der gerade von einer Reise zurückgekommen ist oder an einen fremden Ort gekommen ist, benimmt sich im Allgemeinen zunächst nicht gut, so dass der Käufer eines Welpen, der ordnungsgemäß erzogen wurde, ihm ein wenig Recht geben sollte, bevor er entscheidet, dass seine Erziehung nicht ordnungsgemäß abgeschlossen ist . Ich werde manchmal gefragt, ob es nicht ein magisches Präparat gibt, das Hunde von unordentlichen Gewohnheiten heilt, aber ich muss zugeben, dass so etwas nach dem gegenwärtigen Stand unseres Wissens nicht nur nicht existiert, sondern auch wahrscheinlich nicht entdeckt zu werden scheint ! Kleine Welpen unter drei oder fünf Monaten sind körperlich nicht in der Lage, irgendwelchen Impulsen zu widerstehen, daher ist es völlig sinnlos, zu früh zu versuchen, sie zu trainieren. In dieser Angelegenheit wird manchmal ein Vergleich zwischen den Geschlechtern angestellt; Einige bevorzugen Rüden als Haushunde, andere Weibchen. Ich denke, da gibt es nicht den geringsten Unterschied, und wenn man ein vielversprechendes und intelligentes Individuum hat, kann man einem kleinen Jungen genauso leicht Manieren beibringen wie einem kleinen Mädchen, und *im Gegenteil* . Viel hängt vom Charakter ab; Hier und da finden wir ein paar Spielzeughunde, die gemeine, kriecherische Gemüter haben, und das sind im Allgemeinen diejenigen, die im Regen nicht rausgehen. Man kann sie gemeinhin als „Schleichhunde" bezeichnen, und ich würde einen Hund dieser Art nicht behalten. Bloße Schüchternheit ist etwas ganz anderes und kann durch Freundlichkeit und vernünftige Streicheleinheiten beseitigt werden. Der „Sneak" ist kein Begleiter und sollte nicht gezüchtet werden. Es folgt im Freien nicht gut, ist

selten eine gute Mutter und neigt dazu, seine Veranlagungsfehler an seine
Nachkommen weiterzugeben.

KAPITEL V

ÜBER FÜTTERSPIELZEUG

Beim Füttern von Spielzeugen ist Abwechslung wichtig, und es ist auch wünschenswert, ihnen Nahrung zu geben, die die Konstitution nährt und unterstützt, ohne sie übermäßig zu mästen oder das Blut zu erhitzen. Es ist weitaus besser, einem Spielzeug eine sehr kleine Mahlzeit aus geschnittenem Bratenfleisch zu geben; oder etwas gekochtes Hammelfleisch und Reis; oder ein Stück gehacktes Schnitzel, als ein viel größeres Abendessen aus Reis und Keksen, übergossen mit Milch oder Suppe. Große, schlampige Mahlzeiten sind höchst unerwünscht und die letzte Mahlzeit am Abend sollte vor allem trocken sein. Ein halber Penny-Biskuitkuchen eignet sich hervorragend als Abendessen für einen Spielzeughund oder ein paar Osborne-Kekse. Spielzeughunden sollten niemals Kekse mit Haferflocken, Maismehl oder Erbsenmehl verabreicht werden. Diese beiden werden wegen ihrer Billigkeit oft bei der Herstellung von Hundekeksen verwendet, und sie sind beide zu heiß für Spielzeughunde und in der Menge unverdaulich, obwohl Haferflocken gelegentlich wertvoll sind, beispielsweise in Form von Grütze, um daraus hergestellt zu werden zu Milchbrei verarbeitet und nach der Entbindung den Hündinnen verabreicht. Gut gekochter Reis wird von allen Yorkshire-Terrier-Züchtern als Grundnahrungsmittel verwendet, um den Mahlzeiten Masse zu verleihen, und ist für diesen Zweck ein wertvolles Nahrungsmittel, da er nicht dick macht und so leicht verdaulich ist wie jedes andere Getreide Sei. Obwohl ich kleine, trockene Mahlzeiten gegenüber großen, schlampigen Mahlzeiten befürworte, möchte ich damit nicht sagen, dass eine gewisse Menge an Masse nicht wünschenswert ist – sie ist es, denn ohne sie gäbe es nicht den natürlichen Reiz, den Darmkanal aufzublähen. Aber obwohl der Hund eine sehr große Speiseröhre hat und im Vergleich zu seiner Größe sehr große Mengen schlucken kann und schlucken möchte, ist sein Magen im Verhältnis dazu nicht so groß, und das *Juste Milieu* – genug und nicht zu viel – ist einfach feststellen. Das Fressen zwischen den Mahlzeiten ist für Hunde genauso schädlich wie für Babys. Sie sollten regelmäßig gefüttert werden und davon abgehalten werden, Futterreste im Freien aufzusammeln, da diese vergiftet und mit Sicherheit ungesund sein können. Viele Hunde haben eine schockierende Fressgewohnheit, was oft bedeutet, dass sie anämisch sind und Würmer beherbergen ; Wenn ein Stärkungsmittel und eine Wurmdosis keine Besserung bringen, wird ein Maulkorb Abhilfe schaffen.

Ein Spielzeughund von 5 Pfund. oder 6 Pfund, der zum Frühstück einen Keks, mittags eine abwechslungsreiche und verlockende Mahlzeit aus Fleisch oder Fisch und abends ein Stück altbackenen Biskuitkuchen zu sich nimmt, angemessen ernährt ist und einen gesunden Appetit haben sollte. Es ist ein

Fehler, nur einmal am Tag zu füttern, da eine solche Behandlung nur für Hunde geeignet ist, die sich soweit in einem natürlichen Zustand befinden, dass sie sich voll aussaugen und danach stundenlang schlafen können; und dann harte Übungen machen.

Es ist eine ziemlich moderne Theorie, dass die Sünden, die früher dem Fleisch vorgeworfen wurden, allesamt unbewiesen sind, aber sie ist vollkommen gerechtfertigt. Hautbeschwerden entstehen nicht nur durch Unterernährung, falsche Ernährung oder eine zu große Menge an stärkehaltiger Nahrung, sondern eine Heilung für sie findet sich häufig auch in der Umstellung der Ernährung auf ausschließlich rohes oder nicht durchgegartes *Fleisch* . Das ist moderne tierärztliche Praxis, wie sie vom klügsten Mann der Zeit dargelegt wurde – Mr. Sewell – und andere, deren Fähigkeiten unbestritten sind; Früher lautete der unveränderliche Ausspruch des Tierarztes, ob er nun den Fall verstand oder nicht – und im Allgemeinen war er völlig unwissend darüber, ob Räude, Ekzeme oder Erytheme das Problem waren – „Kein Fleisch!" Diese Idee stirbt, wie auch andere, hauptsächlich aus Unwissenheit, nur schwer, und es gibt immer noch Menschen, die, ohne Rücksicht auf die Art und Weise, wie die Zähne eines Hundes geformt sind, seine richtige Ernährung als mehlhaltig bezeichnen, ungeachtet der Tatsache, dass er unter den Fleischfressern geschaffen wurde . Natürlich können wir ein durch Jahrhunderte der Evolution verändertes Haustier nicht so halten, wie die Natur es gehalten hat, mit rohem Fleisch – zum einen, weil es nicht die gleiche Art von Leben führt; aber die Bedingungen sind nicht so unterschiedlich, dass sie ein fleischfressendes Tier in ein grasfressendes Tier verwandelt hätten.

Ich schreibe meiner Meinung nach stark zu diesem Thema; Schon oft hat es mich geärgert, zu sehen, wie die Hartnäckigkeit, einen Hund zu zwingen, sich von völlig unnatürlicher Nahrung zu ernähren, aus einem Hund, der glücklich und richtig ernährt gewesen wäre, ein elendes Geschöpf gemacht hat; und das Gleiche gilt für viele Welpenwürfe.

Es ist seit langem eine übliche Angewohnheit, Welpen mit schlampigem, mehlhaltigem Futter zu füttern, selbst bis zu dem Zeitpunkt, an dem sie ihre bleibenden Zähne schon weit fortgeschritten haben; Wenn dies bei größeren Hunden ein Fehler ist, ist es bei Spielzeug eine schlimme Torheit. Die Menschen füttern ihre Welpen vier- oder fünfmal am Tag mit wässrigem Brot und Milch, Maismehl und Haferflocken sowie Kekspulver, alles mit Milch begossen; Sie können es sogar den ganzen Tag herumliegen lassen. Einige der Welpen, nämlich die gefräßigen , platzen fast, woraufhin die Natur rebelliert und den Druck durch Durchfall lindert ; andere, zierliche Fresser, werden nach ein oder zwei Dosen krank und können kaum noch zum Füttern gebracht werden. Sie verabscheuen ihr Essen, und es ist eine ständige Sorge, sie zu essen; Mittlerweile beginnen sie oft krank zu werden (das ist der

Protest des Magens gegen die ständige Aufblähung mit flüssiger Nahrung), und wenn sie, wie die meisten Welpen, Eizellen von Würmern in sich haben, werden diese enorm zur Entwicklung angeregt und verlieren keine Zeit dies tun. Eine schöne Vorbereitung auf die kritische Phase des Zahnens!

Wenn diejenigen, denen es schwerfällt, Spielzeugwelpen auf diese Weise aufzuziehen, auf die Kot verzichten und sie vernünftig füttern würden, würden sie meiner Meinung nach den Erfolg einer Reihe von Züchtern teilen, deren Spielzeuge für ihre Gesundheit und Schönheit bekannt sind und auf deren Methoden ich mich verlasse um meine Behauptung zu untermauern. Bis der Welpe seine ersten Zähne benutzen kann, geben Sie ihm nichts als Milch, rein, süß, frisch und *warm* , gemischt mit Plasmon oder einem anderen guten Trockenmilchpulver; Kalte Milch verursacht beim Baby Koliken. Bringen Sie ihm bei, von einer Untertasse mit warmer Milch zu lecken; entweder gute Kuhmilch, wenn man sich darauf verlassen kann, dass sie frei von Borsäure ist; reine Sahne und heißes Wasser bis zur Milchdicke; Ziegenmilch, am besten; oder, als letzte Ressource, Kondensmilch, verdünnt mit heißem Wasser.

Letzteres muss die Sorte sein, die nicht zu stark gesüßt ist und *nicht* die Sorte, bei der die Sahne abgetrennt wurde. Ich finde, dass meine Welpen bis zur sechsten Woche nur mit Milch am besten zurechtkommen; Wenn ihre kleinen Zähnchen durch sind und ihre Mutter sie verlässt, gewöhne sie an feste Nahrung. Ein Welpe liebt es, an einem Stück Biskuitkuchen zu nagen oder an einem Zwieback zu lutschen; Es tröstet ihn, seine scharfen kleinen Nadelspitzen zu benutzen – nährt und amüsiert ihn zugleich. Lass ihn dann Milch zum Frühstück und Tee haben; ein zerkleinerter Osborne-Keks, ein Zwieback von der Art, die man „Tops and Bottoms" nennt, nur mit einem kleinen Tropfen Milch aufgeweicht, nicht zu einem Brei verarbeitet, oder ein Stück Biskuitkuchen für sein Mittag- und Abendessen. Mit vier Wochen bekommt er vielleicht ein wenig gehacktes Huhn oder gekochten Fisch zum Abendessen oder zerkleinertes gekochtes Hammelfleisch ; Mit zwei Monaten wird er vielleicht wie seine Ältesten gefüttert, aber ohne große Fleischklumpen. Sämtliches Fleisch, das Welpen verabreicht wird, sollte bis zum Alter von sechs Monaten fein geschnitten werden. Was die Knochen betrifft, so ist ein großer Knochen für einen Welpen gut zum Saugen und Nagen geeignet; aber er darf keine Knochen haben, die er ganz oder teilweise verschlucken kann. Als Spielzeug für Erwachsene sind alle Knochen, außer Hühner-, Wild- und Fischknochen, ein zulässiger Leckerbissen, jeweils einzeln, und zwar mindestens eine Woche nach dem nächsten oder letzten.

KAPITEL VI

AUSSTELLEN UND VORBEREITEN FÜR DIE AUSSTELLUNG.

Auch wenn die mit dem Ausstellen zu erzielenden Gewinne zweitrangiger Natur sind und lediglich im Vergleich zu dem Einfluss auf den Verkauf und der Art und Weise, wie das Ausstellen Hunde in der Öffentlichkeit bekannt macht, relativ sind, lohnt es sich für den Hundebesitzer, der wirklich einen solchen Gewinn hat, durchaus Gutes kleines Spielzeug, um es manchmal aus Spaß an der Sache auszustellen. Auf einer Ausstellung kann man mehr über Rassen und Punkte und all die kleinen Details erfahren, die Hundeleute interessieren, als es sonst möglich wäre; Vergleichen Sie Notizen mit anderen Eigentümern und erhalten Sie viele nützliche Hinweise. Es tut mir leid, sagen zu müssen, dass wir auch eine Menge Dinge beobachten können, die gut unterdrückt werden könnten, und Einblicke in die weniger attraktive Seite der menschlichen Natur bekommen, die scharfer Wettbewerb und Rivalität leicht hervorrufen und die die sozialistische Mischung aller hervorruft Kurse zum Komponieren von „The Dog Fancy" fördern. „ Faking" – Hellbraun färben, Fell ausreißen oder weiße Haare zwicken, Tarnpuder in die fleckigen Jacken weißer Hunde streuen, Ohren trainieren, um (vorübergehend) auf die gewünschte Weise zu fallen oder aufrecht zu stehen, mit anderen kleinen Verbesserungen, wie z B. das Abschneiden der Haare von Poms Ohren und von Pfoten und Beinen, sind alles Praktiken, zu denen sich niemand bekennen würde, die es aber trotzdem gibt; während selbst vollkommen ehrliche Besitzer in der Lage sind, ihre Hunde mit legitimen Methoden an die Front zu bringen, die dem Neuling unbekannt sind und die er von den Eingeweihten lernen kann. Zur „Grausamkeit" des Zeigens, die Ouida so stark ablehnt, sei noch ein Wort gesagt. Es ist gewiss nicht nett, ein kleines, gestreicheltes Spielzeug, das an normale Verhaltensweisen und die ständige Gesellschaft seiner Besitzer gewöhnt ist, „allein" zu einer Show zu schicken, unbeaufsichtigt und ohne jegliche Fürsorge, außer mit der Art, wie die Show-Offiziellen bereit sein mögen, sie zu schenken es – oft von oberflächlichem Charakter. Wenn sein Besitzer es hingegen zur Ausstellung mitnimmt, es in seinem Gehege einrichtet, es von Zeit zu Zeit besucht, füttert und es abends aus der Ausstellung mitnimmt, um die Nacht bei ihr zu verbringen, wie es immer möglich ist Wie man arrangiert, kann ich in dieser Angelegenheit nicht die geringste Grausamkeit erkennen – tatsächlich genießen viele Hunde es, ausgestellt zu werden, und es ist eher eine Ausnahme, ein melancholisches Gesicht in den Reihen der Ställe zu sehen, die der gepflegten Spielzeugabteilung gewidmet sind.

Das erste, woran man bei einer Ausstellung denken muss, ist, den Hund oder die Hunde in Bestform zu bringen. Ein Spielzeug, das zu Hause gut gepflegt wird, sollte immer mehr oder weniger in gutem Zustand sein, das heißt, soweit es die Vorkehrungen der Natur für das Abwerfen von Fell usw. zulassen; aber ein wenig zusätzliche Pflege für ein paar Wochen vor einer Show ist wünschenswert. Kurzhaarige Hunde, die, *wie in Klammern gesagt*, auf keinen Fall gewaschen werden sollten, wenn es möglich ist, dürfen auf keinen Fall mindestens zwei Wochen vorher gewaschen werden, es dürfen jedoch möglichst geringe Spuren von Vaseline oder Kokosnussöl aufgetragen werden ihre Jacken und putzte sie mit einem sauberen Taschentuch ab; Beim Bürsten und Reiben der Haare in der richtigen Richtung erhält das Fell einen schönen Glanz und Schimmer, und ein wenig Milch, die man täglich trinkt, unterstützt diesen Effekt. Die Augen sollten gewaschen werden, und wenn die Nase, wozu manche leider allzu sehr neigen, trocken ist, kann ein wenig Vaseline , das Sie zweimal täglich gut mit dem Finger verreiben, Abhilfe schaffen.

Langhaarige Hunde brauchen natürlich viel mehr Aufmerksamkeit. Sie müssen extra gekämmt und gebürstet werden und sollten, wenn sie verschmutzt sind oder ein glattes Fell haben, aber nicht anders, etwa 48 Stunden vor dem Erscheinen im Ring eine Wanne erhalten. Verwenden Sie dazu *weiches* , warmes Wasser und bei Poms, deren Jacken gut zur Geltung kommen sollen, einen Teelöffel Boraxpulver und eine viertel Unze gelöste Gelatine auf jeweils zwei Liter Wasser. Die verwendete Seife sollte sorgfältig ausgewählt werden und die beste sein – Wahlweise Vinolia oder E. Cook & Son's Toilet Soap; Gewöhnliche Seifen sind am ungeeignetsten. Viele Menschen verwenden auch die verbesserte Hundeseife dieser Firma und mögen sie sehr. Dieses steife, abstehende Fell wird durch gewohnheitsmäßiges Bürsten der Haare in die falsche Richtung gefördert, und dies ist auch für die Mähnen von Schipperkes ratsam. Glatthaarige Hunde, wie Yorkshires und Toy Spaniels, verbringen ihr Leben oft, insbesondere erstere, in den Pausen von Shows, wie Sommerfeuereisen, „in Fett" – das heißt, ihr Fell ist mit Öl gesättigt. In einem solchen Umfang kann die Vorbereitung dem professionellen Aussteller überlassen werden (bei dem, wie man auch anmerken muss, nur wenige unerfahrene Amateure große Chancen haben, was den Yorkshire-Terrier betrifft); Aber ein wenig Kokosnussöl mit der geringsten Spur von Canthariden, das einige Wochen vorher gut in die Haarwurzeln eingerieben wird, sorgt dafür, dass das Fell optimal aussieht. Beim Waschen weißer Hunde ist große Sorgfalt erforderlich, und es sollte nur die beste Seife verwendet werden; außerdem weiches Wasser mit etwas Borax darin und einen Spritzer Blaubeutel in das Spülwasser, um zu verhindern, dass die Haare einen Gelbstich zeigen. Yorkshire-Terrier dürfen auf keinen Fall in der Badewanne gerubbelt werden; weder Malteser noch Zwergspaniels; Das Haar, das bei den beiden früheren Rassen so sorgfältig in der Mitte des Rückens gescheitelt wurde, muss vom Scheitel nach unten abgewischt werden, während zum Trocknen heiße Handtücher und erwärmte, weiche Bürsten verwendet werden sollten, um den Wuchs zu bewahren , was bei diesen Hunden so ein Punkt ist. Auch das Reiben „überall" fördert die Lockenbildung – ein fataler Fehler bei den genannten Rassen – und ist ein weiterer Grund zur Pflege. Beim Waschen von Hunden sollte große Sorgfalt darauf verwendet werden, die Innenseiten der Ohren gründlich zu trocknen, und das Bad, das die meisten Hunde so verabscheuen, wird der Hälfte seiner Schrecken beraubt, wenn der Kopf nicht eingeseift oder eingeweicht wird; Es kann effektiv mit einem Schwamm gewaschen werden und vermeidet so die unangenehme Wirkung von Seife in Nase und Augen. Waschen als Gewohnheit ist jedoch äußerst schädlich für Fell und Haut, ruiniert die Farbe schwarzer Hunde und sollte niemals zur Praxis gemacht werden. Die tägliche Fellpflege mit Bürste und Kamm sorgt dafür, dass jeder richtig gefütterte Hund perfekt gepflegt und sauber bleibt.

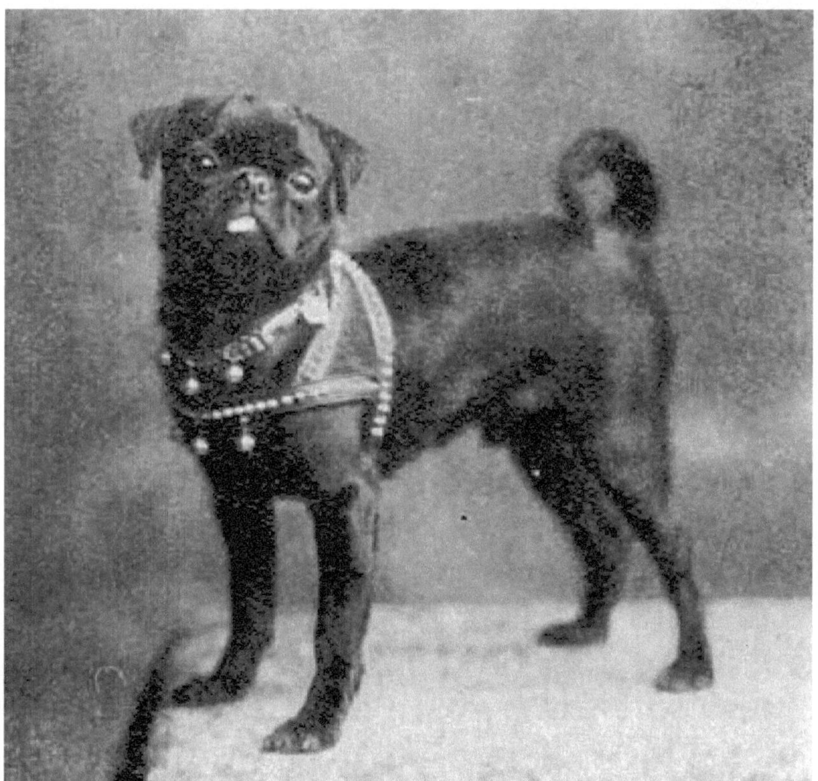

SCHWARZER MOPS. „Fiji", im Besitz von Miss Hyde.

Pudel sind vielleicht genauso schwierig auf eine Ausstellung vorzubereiten wie andere Hunde. Bisher gibt es noch keine nennenswerten Zwergpudel mit Schnur, aber die lockigen Zwergpudel sind sehr entzückende kleine Hunde, die weit mehr als ihre derzeitige Popularität verdienen. Das Rasieren bzw. Scheren ist natürlich eine immer wiederkehrende Aufgabe, die zu keinem Zeitpunkt vernachlässigt werden darf und einmal im Monat notwendig ist;

aber nach dem ersten oder zweiten Mal ist es überhaupt nicht schwer, damit klarzukommen. Die rasierten Teile sollten nach dem Waschen des Hundes am Vortag mit einer von Spratts patentierten Pudelschermaschine bearbeitet werden, einer kleinen Maschine genau wie eine kleine Pferdeschermaschine, die stets gegen die Haarrichtung vom Schwanz entlang des Rückens arbeitet bis zur Körpermitte und von den Füßen aufwärts. Für das Gesicht und die Zehen, die am schwierigsten zu bearbeiten sind, benötigen Sie eine Schere mit nach oben gebogenen Spitzen. Die eigentliche Rasur mit einem Rasiermesser dient jedoch nur als Abschluss kurz vor einer Show. Es macht die Haut ziemlich zart und ist der Teil der Toilette, der für die Alltagskleidung nicht notwendig ist und fachmännische Hilfe erfordert. Nach dem Scheren sollte die Haut gut mit etwas weißem Vaselineöl eingerieben werden , das sorgt für einen schönen Glanz und verhindert eine Erkältung des Hundes. In London gibt es verschiedene professionelle Pudelscherer, darunter eine Dame, die für die bescheidene Gebühr von fünf Schilling Hunde bei sich zu Hause besucht ; Länderaussteller sind jedoch im Allgemeinen gezwungen, für den Betrieb auf heimische Talente zurückzugreifen.

Das lange Haar wird nun modisch zu einem Flaum gestylt, mit einem Kamm herausgekämmt und gut gebürstet, bis es hervorsteht; Die Stirnlocke wird oben am Kopf mit einer großen Satinschleife festgebunden, und *voilà, la toilette de monsieur est Endlich* ! – das unverzichtbare Armband und das schicke Halsband fehlen nur noch.

Die Anmeldung von Hunden für eine Ausstellung ist ganz einfach. Nachdem Sie herausgefunden haben, welche Show Sie besuchen möchten , senden Sie eine Karte an die Sekretärin, deren Adresse in den Anzeigen für die Show in den Doggy-Zeitungen zu finden ist, und bitten Sie um einen Zeitplan. Lesen Sie bei Erhalt des Hundes sorgfältig die Regeln und Sonderangebote durch und melden Sie den Hund gemäß dem beigefügten Formular an. Wenn die Ausstellung nach den Regeln des Kennel Club stattfindet, müssen die Ausstellungsstücke zunächst bei dieser Organisation registriert werden. Wenn es sich lediglich um eine Kennel Club- Lizenz handelt , ist dies nicht erforderlich. Gelegentlich kommt es vor, dass die Antwort auf oder die Bestätigung einer solchen Anmeldung, die auf einem Formular erfolgt, das immer mit den Zeitplänen und Anmeldeformularen für Gestüt verschickt wird und von einer unverzichtbaren halben Krone begleitet wird, so sehr verspätet ist, dass der Neuaussteller vor Angst davor zittert ihre Ausstellung sollte disqualifiziert werden; Aber solche Ängste sind unbegründet – solange der Eintrag vor dem Ausstellungstermin eingegangen ist, wird alles gut.

Die nächste Frage ist die brennende Frage nach Escort. Persönlich möchte ich keine kleinen Spielzeughunde ohne einen vertrauenswürdigen Betreuer zu einer Ausstellung schicken und kann daher niemandem raten, etwas anderes zu tun.

Sie selbst zu übernehmen, mit einem Dienstmädchen oder einem Mann als Reserve, um die Leitung zu übernehmen, ist für alle Beteiligten die angenehmste Art, die Angelegenheit zu regeln, und die dazugehörigen Utensilien sind etwa folgende:

Für jeden Hund ein warmer und bequemer Reisekorb – am besten ein kleines Häuschen, in dem er nachts schlafen kann.

Ein Campinghocker für den Begleiter. Auf Messen herumzustehen ist arbeitsintensiv und Stühle sind nicht immer zu bekommen.

Mäntel für die Hunde, wenn das Wetter überhaupt kalt ist, denn in Ausstellungsgebäuden ist es fast immer zugig. Die Petanelle- Mäntel (vertrieben von Spratt's) mit französischem Muster und Sturmkragen sind besonders warm und elegant und zudem aseptisch, und die Petanelle -Kissen sind in jeder Hinsicht bezaubernd.

Etwas passendes Essen. Zwerghunde fressen selten das, was die Ausstellungsbehörden vorsehen, und sind oft zu aufgeregt, um etwas anderes als besonders Leckeres zu sich zu nehmen. Ein Lunchkorb mit kleinen Hühnchen- oder Fleischstücken, fertig zerschnitten, zusammen mit dem eigenen kleinen Teller des Hundes wird sich als nützlich erweisen. Milch auf Ausstellungen ist nicht immer zuverlässig und wenn Milch benötigt wird, sollte sie in einer Flasche eingenommen werden, insbesondere bei Würfen.

Eine Bürste und ein Kamm. Ein warmer, großer Schal. Ich sage nichts über die Hutmacherei, mit der die Leute oft ihre Stifte aufhängen, die Satinkissen usw., womit ich nur sagen kann, dass die Hunde oft extrem albern aussehen, aber es sei denn, es gibt eine gegenteilige Regel im Zeitplan, Den Ausstellern steht es frei, in dieser Linie alles anzubieten, was ihrem Geschmack entspricht. Der Schal oder die Decke ist oft nützlich, um runde Drahtstifte zu drapieren, um Zugluft fernzuhalten, und da solche Dinge nach Beginn der Show nicht ohne große Mühe zu bekommen sind, sollte man sie auch vorher bereitstellen.

Es ist jederzeit möglich, Hunde nachts aus der Ausstellung zu nehmen, in der Regel gegen Zahlung einer Kaution; Und die Mühe lohnt sich durchaus , denn tödliche Erkältungen entstehen häufig dadurch, dass empfindliche Spielzeuge in den kälteren Stunden der Dunkelheit und des Morgengrauens sich selbst überlassen bleiben.

Der Kern der Angst des Vorstellers ist natürlich das Führen in den Ring, denn jetzt kommt der entscheidende Moment: Wird der Hund zeigen oder nicht? Manche Hunde sind von Geburt an sehr lebhaft – sie sind lebhaft, wirken klug und wissend, nehmen die Annäherungsversuche des Richters gnädig an und zeigen sich im Allgemeinen optimal. Andere sind variabel und man kann sich nicht auf sie verlassen; zeigen manchmal eine gute Figur, und manchmal – wenn sie zum Beispiel ein wenig außer Form sind oder ihnen das Aussehen ihrer Rivalen im Ring nicht gefällt – werden sie sich selbst nicht gerecht. Andere wiederum senken hartnäckig Schwanz und Ohren, ducken sich und zucken zusammen oder, was noch schlimmer ist, drehen sich auf den Rücken. Wenn ein Hund nach mehreren Versuchen, ihn zur Schau zu stellen, weiterhin ein solches Verhalten an den Tag legt, ist es im Allgemeinen am besten, ihn im Hinblick auf die Ausstellung aufzugeben. Aber es kann schon im Vorfeld viel getan werden, um kleinen Hunden beizubringen, wie sie sich zeigen können. Man kann sie daran gewöhnen, an einer Kette herumgeführt zu werden, und sie dazu ermutigen, sich nach einem Ball usw. vom Halsband zu lösen. Außerdem sollte ihnen beigebracht werden, die Aufmerksamkeit von Fremden freundlich zu empfangen.

Schon ein Wort zum eigenen Verhalten des Ausstellers im Ring darf nicht verkehrt sein. Manchmal sind alte Hasen in der Ausstellung leider keineswegs höflich gegenüber Neuankömmlingen und werden höchstwahrscheinlich versuchen , den Neuling, wenn er gut genug ist, um ein Rivale zu sein, vor den Augen des Richters zu schützen, indem sie sich und ihre Ausstellungsstücke nach vorne drängen; Dabei sind Vorfälle, wie ein schlauer Stoß mit dem Fuß, der dem schüchternen Hund eines Rivalen verabreicht wird, oder das absichtliche Treten auf einen Zeh, schrecklich zu erzählen, keine völlige Seltenheit. Der Neuling sollte seinen Hund weit im Vordergrund halten, das, was andere Aussteller sagen oder tun, ignorieren, soweit strenge Höflichkeit und ein gutes Gefühl es zulassen, und versuchen, den Richter dazu zu bringen, es zu bemerken, während sie ihre Ausstellung nicht in die Augen des Richters drängt alles legitime Wege.

Mit einem Richter im Ring und während des Handelns zu sprechen, stellt einen großen Verstoß gegen die Etikette dar, es sei denn, er stellt eine Frage, die hörbar beantwortet werden sollte; Die meisten Richter sind jedoch durchaus bereit, ihre Entscheidung zu begründen oder eine offene Meinung zu äußern, wenn sie nach Abschluss der Beurteilung dazu aufgefordert werden. Es ist natürlich unnötig, vornehme Damen davor zu warnen, Gefühle zum Ausdruck zu bringen, weil sie übersehen werden usw.; Aber die Tatsache, dass es gelegentlich zu beklagenswerten Enttäuschungen kommt, lässt sich nicht leugnen, während es natürlich gelegentlich an strenger Gerechtigkeit mangelt. Alles in allem kann man jedoch davon ausgehen, dass eine sehr kleine Erfahrung es der Neuling ermöglichen wird, ihren richtigen Platz in der Showwelt einzunehmen, wo sie mit Sicherheit auf viel Freundlichkeit und selbstlose Hilfe stoßen wird – das ist zumindest meine Erfahrung; während das Ausstellen dem Hundebesitz einen Reiz verleiht, der mit anderen Mitteln nicht erreichbar ist.

Die wichtigsten Shows, bei denen Spielzeughunde betreut werden, sind die Kennel Club Show im Oktober; die Toy Dog Shows und Cruft's, die normalerweise im Februar in der Agricultural Hall stattfinden; mit den von der Ladies' Kennel Association organisierten Ausstellungen, von denen die besten aus der Sicht eines Spielzeugbesitzers normalerweise im Sommer stattfinden, und mit den Provinzveranstaltungen wie Birmingham, Manchester und Bristol sowie zahlreichen Lizenzausstellungen in allen Teilen des Landes, wobei es generell eine faire Klassifizierung für Spielzeug gibt. Alle Ausstellungen werden in den *Illustrated Kennel News* und anderen Hundezeitungen beworben .

Kapitel VII

DIE WAHL DER RASSE

Die Wahl einer Hunderasse wird im Allgemeinen von persönlichen Vorlieben bestimmt, und die Mode spielt dabei eine große Rolle. Derzeit sind die angesagtesten Rassen unter den Spielzeugen sicherlich Pomeranians oder Spitz-Spielzeuge – allgemein bekannt als „Poms", japanische Spaniels, Pekinesen oder chinesische Spaniels – manchmal auch chinesische Möpse, Spielzeugbulldoggen und Griffons Bruxellois genannt . Über die Wahl einer Rasse aus Profitgründen habe ich bereits gesprochen und werde die Frage nun aus der Sicht einer einsamen Dame betrachten, die ein oder mehrere Haustiere sucht und keine vorgefassten Vorurteile hat.

Der Pom ist also ein kleiner Hund, schwer zu bekommen, aber wirklich wertvoll, wenn er so gesichert ist. Ein guter Spielzeug-Pom bedeutet, dass er so klein wie möglich ist, auf jeden Fall weniger als 8 Pfund und vorzugsweise weniger als 6 Pfund, nicht langbeinig und unkrautig, sondern kurzrückig und kompakt; mit winzigen Stehohren, einer feinen Schnauze, kleinen dunklen Augen, Schwanz – oder Federbusch, wie man ihn nennen sollte – weit über der genauen Mittellinie des Rückens; kleine, feine und zarte Beine und Füße, bedeckt mit kurzen Haaren; und nicht zuletzt ein üppiges Fell, das am ganzen Körper gut absteht und am Hals durch die charakteristische Rüsche und an der Rückseite der Hinterbeine durch die Crinière verstärkt wird . Hellbraune und schokoladenbraune Farben sind weitaus häufiger anzutreffen als noch vor ein oder zwei Jahren, als beides rar und begehrt war, aber Schwarztöne sind immer die Favoriten . Schwarzspitzzobel (wolfsfarbene Poms) haben selten ein gutes, steifes Fell und neigen wie die schönen orangefarbenen Zobel dazu, ein flaches Fell zu haben, weshalb sie nicht so beliebt sind. Bei zweifarbigen Hunden hingegen hängt die Anziehungskraft ansonsten von ihrer Qualität ab. Blaue Tiere, die, sofern sie nicht groß sind, im Allgemeinen unbehaarte Ohren haben, sind sehr bezaubernd und tragen ein ausgezeichnetes Fell, werden aber vergleichsweise selten gesehen. Die üblichen Fehler von Spielzeug-Poms sind „Apfelköpfigkeit" – ein Begriff, der sich von selbst erklärt – dürftiges Fell, Grobheit an Kopf oder Beinen, schlecht getragener Schwanz, große Ohren oder hervorstehende Augen, Langbeinigkeit und Krautigkeit oder Locken. Eine Welle im Fell verdirbt manches aus der Sicht der Show, und obwohl das Waschen mit Borax und Wasser und das Auskämmen mit einem in eine schwache Gelatinelösung getauchten Kamm den Mangel vorübergehend beheben, verdirbt es das wünschenswerte buschige Aussehen eines Pom weitgehend.

Poms sind tolle kleine Gefährten, treu, äußerst scharfsinnig und intelligent und im Allgemeinen einer einzigen Person ergeben; Sie können gut mit

Kindern umgehen, wenn sie mit ihnen aufwachsen. Aber sie sind wählerische und aufgeregte kleine Wesen, bellen viel und haben Nerven. Ich glaube nicht, dass der Charakter, den manche Leute ihnen beimessen, durch Tatsachen gerechtfertigt ist; aber hier und da kann man einen scharfzüngigen Pom finden. Ihre Verachtung gegenüber Fremden ist eine Eigenschaft, die bei allen Haushunden als Tugend angesehen werden sollte. Sie gehören nicht zu den Hunden, die sich am einfachsten ins Haus bringen lassen, insbesondere wenn sie in großer Zahl gehalten werden, und sind in dieser Hinsicht nicht immer zuverlässig, vor allem aufgrund ihrer schnellen, nervösen Veranlagung; aber was Klugheit, Zuneigung und Schönheit angeht, haben sie unter den Spielzeughunden, wenn überhaupt, nur wenige ihresgleichen, und es ist unwahrscheinlich, dass sie ihre Beliebtheit verlieren werden. Ein wirklich gutes Spielzeug. Pom wird immer sehr bewundert und umworben, wohin auch immer man es mitnimmt. Welpen sind heute nicht mehr so leicht zu hohen Preisen zu verkaufen wie früher, da sie von so vielen Menschen aufgenommen wurden, dass sie in Hülle und Fülle vorhanden sind; und es lohnt sich nicht , zweitklassige Hunde zu züchten; aber ein guter Pom wird sich trotzdem verkaufen.

SCHIPPERKE. „Fandango", im Besitz von Dr. Freeman.

Neben Spielzeug-Poms möchte ich Spielzeug- Schipperkes erwähnen, denn obwohl sie noch nicht so in Mode sind und es wahrscheinlich auch nie sein werden, ähneln sie Poms in vielerlei Hinsicht. Als Haushunde sind sie überaus begehrenswert, wunderbar sauber und wohlerzogen und ähneln dem Pom in puncto Klugheit und Treue gegenüber einer Person, während sie viel robuster und einfacher zu erziehen und in gutem Zustand zu halten sind. Sie sind überhaupt keine nervösen Hunde; aber wild voller Leben und gierig nach Bewegung; ihre unaufhörliche Aktivität wetteiferte mit der des lustigen kleinen Spitz. Sie sind ausgesprochen „bellig" und überaus neugierig, gute Reisende und Hunde, die sich überall niederlassen und zufrieden sind, solange sie mit dem Lieblingsmenschen zusammen sind , den sie besonders besitzen. Schipperkes sind für ihre Größe extrem schwere Hunde, und ein ziemlich kleiner Hund wiegt viermal so viel wie ein Pom, der kaum kleiner aussieht. Beide Rassen benötigen eine fleischhaltige Ernährung und viel gutes Futter, was sie durch ihre aktive Art verwerten; aber der Großteil der Mahlzeiten des Schip sollte größer sein. Schips sind in der Regel sehr gutmütige Hunde und wie Poms scharfe Gefolgsleute. Sie sind jedoch kämpferische kleine Dinger und haben es nur der großartigen Nachsicht größerer Hunde zu verdanken, dass sie aufgrund ihrer überheblichen Selbstbehauptung so manche Tragödie verhindern konnten. Schwarz ist ihre Farbe und Schwanzlosigkeit ihre intimste Eigenschaft; Einige werden, so sagt man uns, ohne Schwanz geboren, die meisten jedoch nicht! In Belgien, der Heimat der Rasse, sind Braun- und Rehkitz- Schips weit verbreitet; und wir haben hier nicht selten Kurse für sie; Weiße dagegen, die in Wirklichkeit Kitze sind, kommen ab und zu in Würfen vor, nachdem sie an einen entfernten Vorfahren zurückgeworfen wurden, und sind wirklich hübsche Hunde, obwohl ich die Pikantheit und den Charme der Schwarzen mit ihren scharf gespitzten, dünnen Ohren gestehen muss Ihre abgerundeten Flanken, ihr hartes, glänzendes Fell und ihre dichte Mähne und ihr *Hosenrock* , die charakteristischen Merkmale des Schip , gehen für mich bei einem „nicht gefärbten " Hund verloren. Ihre Fehler als Spielzeug sind weiches, seidiges Fell, Spielzeug- oder Apfelfell oder schlecht geformte Köpfe (dieser universelle Stolperstein), „ Pommy ", die Qualität des Fells (es gibt keinen größeren Makel auf dem Wappenschild eines Schips als ein vermeintliches Kreuz mit einem Pom), weiße Haare oder Markierungen, Ohren, die an der Spitze abgerundet statt spitz sind, zu groß oder schlecht getragen, kurze Gesichter, unebene Kiefer, gespreizte Füße, krumme oder verzerrte Beine und lange Rücken. Das gesamte Erscheinungsbild des Hundes sollte sehr klug und stämmig sein , äußerst wachsam und insgesamt sauber und gut zusammengesetzt, Eigenschaften, die schwer zu beschreiben sind, die aber „ *sautent aux yeux* " sind.

Spielzeugbulldoggen werden von Jahr zu Jahr beliebter. Sie sind absolut ideale Hunde, was ihr Temperament und alle anderen Eigenschaften angeht, die man als Haustier und Begleiter braucht, und fast unheimlich intelligent, aber leider! Sie sind unbestreitbar heikel. Sie sind schwer zu züchten und schwer aufzuziehen; Nur wenige der Hündinnen sind gute Mütter, während ihre Jungen wenig Ausdauer haben. Darüber hinaus sind sie schüchterne Züchter und benötigen insgesamt ständige Pflege und Wachsamkeit. Wenn sie das bekommen können, ist das schön und gut, und ihre Welpen werden sofort verkauft; Damit sie als Gewinnquelle zu empfehlen sind, vorausgesetzt, dass der Eigentümer Glück und die Fähigkeit hat, viel gezielte Mühe auf sich zu nehmen. Die für diese Hunde erzielten Preise sind, wenn sie wirklich klein und von guter Abstammung sind, für den gewöhnlichen Amateur etwas hoch, während eine kleine Bulldogge, die aus größeren Hunden gezüchtet wurde und als Spielzeug am billigsten zu bekommen ist, nur einen Cent wert ist Schlechte Spekulationen, da ihr erster Wurf sie wahrscheinlich töten wird. Die Gewichtsgrenze, bei der eine Spielzeugbulldogge aufhört und die eigentliche Bulldogge beginnt, war Gegenstand von Kontroversen, und die ursprüngliche Grenze lag bei etwa 20 Pfund. stellte sich als so schwierig heraus, dass viele Züchter eine Änderung wünschten. Genauso oder sogar noch intensiver wurde über die Frage nach Hänge-, Rosen- oder Fledermausohren, also nach aufrechten oder nach unten gerichteten Ohren, diskutiert. Schließlich die vernünftige Entscheidung, zwei Clubs zu haben, einen für Spielzeug in jeder Hinsicht wie die großen englischen Bulldoggen und einen für Hunde französischer Herkunft, wenn auch jetzt englischer Zucht, mit aufrechten oder „Fledermaus"-Ohren, die als französische Spielzeugbulldoggen bezeichnet werden. wurde erreicht. Der englische Typ ist heute als Miniaturbulldogge bekannt.

PEKINESE. „Foo-Kwai of Newnham", im Besitz von Frau WH Herbert.

Japanische Spaniels gehören zu den *Derniers Krise* der Mode. [1] Zu ihnen zähle ich Pekinesen, da letztere zwar insgesamt robustere und leichter zu handhabende Hunde sind, sie aber auch orientalische Hunde sind, was die Sache ausgleicht. Japaner sind hübsche kleine Hunde von durchschnittlicher Intelligenz und Zuneigung, wenn auch nicht ganz ebenbürtig zu den ersten beiden besprochenen Rassen. Bis zum heutigen Tag ist die „Staupe" ihre Hauptgeißel gewesen, und wenn man sie in großer Zahl hält, scheint dies eine ausnahmslose Einladung zum Besuch eines Schädlings zu sein, der alle anstecken kann, für die sie besonders anfällig zu sein scheinen. Greifenzüchter sagen, dass ein Greif, wenn er sich krank fühlt, stirbt, und das gilt in gewissem Maße auch für Japaner. Es gibt keinen Grund, warum das so sein sollte, denn in ihrem Heimatland sind sie ziemlich robust, und die Ursache lässt sich auf Inzucht zurückführen, die durch die Schwierigkeiten verursacht wurde, die sowohl die japanischen als auch unsere eigenen Behörden ihrer Einfuhr in den Weg stellten und darauf zurückgriffen mit der Idee, sie klein zu halten; die Zartheit, die durch die Strapazen der Reise verursacht wurde, die sie sehr schlecht überstanden hatten; an die Pioniere der Rasse hier und an den Ansturm auf kleine Vererber, die oft zu häufig eingesetzt und überbewertet werden. Wenn Züchter junge, nicht verwandte Welpen kaufen, sie mit Fleisch füttern, sie gesund erziehen und so neue Sorten finden würden, könnte diese Delikatesse sicherlich vergleichsweise leicht überwunden werden. Vom Aussehen her sind Japaner äußerst faszinierend. Ihre Farben sind Schwarz und Weiß, Rot und Weiß und Gelb oder Zitronengelb und Weiß – wobei die beiden letztgenannten Kombinationen am seltensten sind; Ihre farbigen Ohren, die wie Schmetterlingsflügel aussehen, der kurze Kopf dazwischen, der den Körper bildet, ihre stark gefransten Füße und ihr gefiederter Schwanz bilden ein bezauberndes und pikantes *Tout-Ensemble* . Sie werden häufig mit Pekinesen verwechselt, die ganzfarbig, rot oder gelb sind , schwarze Abzeichen haben und deren Ohren nicht im gleichen Winkel angesetzt sind. Ein Pekingese-Welpe ist vielleicht der *hübscheste* Welpe, bevor er das schlaksige Stadium erreicht, was Züchter aller Spielzeuge, mit Ausnahme vielleicht von Möpsen und Schips , bei der uneingeweihten Öffentlichkeit völlig gleichgültig, ja sogar verächtlich ist. Die Preise für Japaner sind ziemlich hoch, und ein guter Welpe kann, es sei denn, man hat besonderes Glück, nicht für weniger als 10 10 Shilling erworben werden; vielleicht ein größeres weibliches Jungtier für etwas weniger – aber solche werden, wenn sie gute Punkte haben, schnell für Zuchthündinnen gekauft. Japaner haben die gleiche Spielzeuggewichtsgrenze wie Poms – 8 Pfund – und die übergewichtigen Hunde sind weitaus robuster und einfacher zu züchten als die Zwerge.

[1] *Japanische Spaniels*. – Die fünf Regeln der Schönheit japanischer Spaniels lauten laut *Delhi Morning Post* : (1) Der Schmetterlingskopf; (2) das heilige V; (3) der Wissensschub; (4) Geierfüße; (5) der Chrysanthemenschwanz. Um den „Schmetterlingskopf" und das „heilige V" zu erhalten, muss ein Japaner einen breiten Schädel mit einer weißen V-Form oben (dem Körper des Schmetterlings) besitzen, wobei die kleinen, schwarzen, V-förmigen Ohren die Flügel des Schmetterlings bilden . Der „Wissenshöcker" ist ein kleiner, runder, schwarzer Fleck zwischen den Ohren. Das Haar an den „Geierfüßen" federt vorne spitz zu, darf den schlanken Fuß aber nicht verbreitern, und für das Auge des Glaubens stellt der schöne, seidige,

gefiederte Schwanz, der eng über den Rücken gewunden ist, den Anschein einer Nationalblume dar , die Chrysantheme.

Griffons Bruxellois sind die Urigkeit in Person, und ihre lustigen kleinen Charaktere voller Würde und Selbstgenügsamkeit sind durch ihr nicht weniger lustiges kleines Äußeres erkennbar. Die Merkmale eines guten Greifs sind Kleinheit, hartes Fell, tiefe, satte rote Farbe , riesige schwarze Augen, *à fleur de tête* , die kürzestmögliche Nase mit schwarzem Ende und so flach wie möglich im Gesicht (dieses Aussehen wird im Allgemeinen durch unterstützt). der Züchter, der bei jeder Gelegenheit den Knorpel des Babys nach oben drückt), und feine und gesunde Beine und Füße. Der Schwanz ist kupiert, aber in die Ohren darf jetzt nicht eingegriffen werden – eine gerechte Regel. Ein unterbissiges „Affengesicht" ist das Ziel, und obwohl die Züchter manchmal schüchtern sind, sind diese kleinen Hunde durchaus eine Anschaffung wert und geben aus Haustieren das Beste ab.

Über Black-and-Tan Toy Terrier gibt es nicht viel zu sagen, aus dem einfachen Grund, dass sie derzeit ziemlich aus der Mode kommen. Ich glaube, es herrscht immer noch die vage Vorstellung vor, dass das kahle und ledrige, um nicht zu sagen räudige Aussehen, das einige der ehemaligen kleinen Geschöpfe an ihren Apfelköpfen und großen Ohren aufweisen, ein Zeichen guter Zucht sei; Tatsächlich wurde ich oft ernsthaft aufgefordert, über die hohen Ansprüche eines spinnenförmigen, schlecht geformten Atoms nachzudenken, das im Hinblick auf seine aristokratische Abstammung so berühmt geworden ist.

Im Showring werden solche Dinge nicht geduldet, und der wirklich wohlerzogene Schwarzbraune ist nicht wie die kleinen Abtreibungen, die heute — aber selten, wenn auch früher häufig — von umherziehenden Händlern verkauft werden, deren Charakter alles andere als überragend war verdächtigt und von Hundehändlern als die *Crême de la Crême* der Haustierhunde angesehen. Das schwarz-braune Showspielzeug ist wie ein Miniatur-Manchester-Terrier – glänzende Haut, langer und gepflegter Kopf, mit kleinen, dunklen Augen, oval, nicht rund und glotzend; feine, gut gemachte Gliedmaßen mit der richtigen Zeichnung von tiefer, kräftiger Bräune auf der Rückseite der Hinterbeine, die keine Bräunung aufweisen darf, und die Ohren müssen ordentlich und gut getragen sein; der Schwanz eine Peitsche.

YORKSHIRE-TERRIER. „Trixie", im Besitz von Miss O'Donnell.

Yorkshire-Terrier finden, wenn sie klein und gut behaart sind, immer ein Angebot und werden nie ohne Freunde sein. Ich mag sie als Einzelhunde sehr, aber ein Zwinger mit Yorkshires ist eine Lebensaufgabe, und nur der Enthusiast kann ihnen die Pflege geben, die sie brauchen. Ein Yorkie *muss* jeden Tag (ausgiebig) gebürstet werden: Er *muss* mit Ölen und Waschmitteln eingerieben werden, insbesondere wenn die Haare brechen, der Prozess, der den kurzhaarigen schwarzbraunen Welpen in einen ausgewachsenen blaubraunen Welpen verwandelt. gebräunte Schönheit im reifen Alter. Um dem Fell gerecht zu werden, muss der Welpe bei Bedarf sorgfältigst gewaschen werden (jedoch so wenig wie möglich gewaschen), durch kleine Waschledersöckchen an den Hinterpfoten vor Kratzern geschützt und bei jeder Gelegenheit einer Diät unterzogen werden Die Aufmerksamkeit richtet sich auf die Vorbeugung von Hauterkrankungen. Kein Hund kann ein dickes Fell tragen, wenn er nicht gut ernährt ist, und die alte Vorstellung, dass mehlhaltige Lebensmittel dafür ausreichten, ist widerlegt. Um Anämie zu vermeiden , das Blut rein und reich zu halten und Kraft zu verleihen, muss ein Yorkie die Nahrung von Fleisch zu sich nehmen. Trotzdem ist es eine fröhliche kleine Seele, und wenn sein Fell einigermaßen geopfert werden kann, ist es ein guter Begleiter, der das Leben im Freien liebt, sehr bellend und lebhaft und einigermaßen anhänglich; Aber eine wirklich schöne Show. Yorkie ist kein alltägliches Wesen. Die Rasse leidet nicht sehr unter „Staupe" und ist seltsamerweise trotz Generationen der Verhätschelung und Aufregung sowie der Züchtung auf Kleinheit und Fell ausgesprochen gesund. Die weißen Yorkshires, eine neue Sorte, die einige Leute voranzutreiben versucht haben, sind meiner Meinung nach keineswegs besonders wünschenswert – die Malteser können in dieser Hinsicht alles Nötige tun; während der Versuch, auch „silberne" Yorkshires populär zu machen, einfach bedeutet, dass schlecht gefärbte Hunde ohne jegliche Bräune (Blässe der Bräune ist der Stolperstein in der Karriere vieler Yorkshires) von ihnen selbst klassifiziert und mit Preisen ausgezeichnet werden.

Ich denke, Spielzeugmöpse sind ausnahmslos faszinierend für diejenigen, die eine Vorliebe für Mops haben; Sie sind große Möpse im Kleinen, und jeder kennt die Vorzüge eines Mops. Meine eigenen Zwergmöpse liebten ihren Komfort zu sehr, um perfekte Hunde als Begleiter einer Person mit aktiven Outdoor-Gewohnheiten zu sein, aber sie waren gutmütige, sanfte Wesen und als solche lobenswert. Möpse scheinen als Rasse seltsamerweise anfällig für Hautprobleme zu sein, und die Spielzeuge bilden da keine Ausnahme. Ich habe nicht viele wirklich gute und sehr kleine Rehkitz-Spielzeuge gesehen, aber es gibt einige, und wo ein Mops gekauft werden soll, ist ein Spielzeug wirklich am wünschenswertesten. Sie geben gute Haushunde ab und sind selten oder nie laut, wohingegen es sich um vergleichsweise aktive Hunde handelt, die für viel Spaß im Freien gezüchtet wurden und nicht der Gier frönen, die leider! Dies ist im Allgemeinen ein Merkmal ihres Charakters und muss auf keinen Fall das kräftige, schnarchende Keuchen annehmen, von dem manche Leute glauben, dass ein älterer Mops nicht entkommen kann. Trotzdem kann ich nur sagen, dass ich die schwarze Sorte im Großen und Ganzen bevorzuge, denn sie vereinen das sanfte Wesen, die Treue und die Sanftmut der Kitze mit einer unermüdlichen Energie, meiner Meinung nach eine der besten Eigenschaften, die ein Hund besitzen kann. Sie sind außerdem robuster, weniger anfällig für Staupe und ähnliche Krankheiten und sehr wachsam und intelligent. Einen Vorzug, wenn überhaupt, teilen sie nicht mit den Kitzen – letztere sind keine teuren Hunde, denn sie sind fast immer gute Mütter und produktive Züchter. Nicht, dass die Schwarzen in dieser Hinsicht versagen, aber sie sind doch vergleichsweise teuer – also die wirklich Guten. Die Eigenschaften des Kopfes machen gerade jetzt einen großen Teil ihres Werts aus, denn ein gutköpfiger schwarzer Mops mit einem breiten Schädel, großen Augen und viel Haut und Falten kommt nicht in jedem Wurf vor, und schmale Schädel sind, obwohl die Natur es ist, sehr unbeliebt charakteristische Gegensätzlichkeit, scheint Freude daran zu haben, sie hervorzubringen.

Möpse vertragen das Erhitzen von Futter ebenso wenig wie Yorkshires, die ihnen darin zustimmen, dass sie mit gekochtem Reis als Zusatz zu Fleisch, um die nötige Masse zu erzeugen, besser zurechtkommen als mit jedem anderen mehlhaltigen Futter. Dem Wert nach steht Weizenmehl am nächsten; Haferflocken und Maismehl werden mit Sicherheit zu einer Katastrophe für die Haut führen. Mageres Fleisch, wahlweise auch etwas gedünstet, Fisch und Hühnchen, kann für die Zubereitung der Mahlzeiten variiert werden, mit einer kleinen Menge des benötigten Grundnahrungsmittels als Hauptmasse.

Toy Spaniels sind im Allgemeinen keine schwierigen Hunde. Sie sind treue und äußerst anhängliche Hunde, und die Blenheims sind gute Landhaustiere, die oft über ein beträchtliches Maß an sportlichem Instinkt verfügen, selbst wenn sie aus Rassen stammen, die viele Jahre lang nur zur Schau gehalten wurden. Die Marlborough Blenheims sind natürlich Beispiele für die sportlichen Blenheims, obwohl sie in Bezug auf die Showpunkte nicht korrekt sind; und es gibt keinen Grund, warum einer dieser Hunde, obwohl sie Spielzeuge und siegestauglich sind, nicht ein guter kleiner Landkamerad sein sollte. Für die Stadt sind weiße Langhaarhunde nicht zu empfehlen, da das gelegentliche Waschen für Hund und Halter gleichermaßen lästig ist. Die Farbgebung der Blenheims ist sehr ansprechend, und eine mit allen Showpoints, inklusive Fleck auf dem Kopf, wird mit Sicherheit bewundert; Aber Toy Spaniels sind als Rasse, mit Ausnahme der Japaner und Pekinesen, weitgehend in den Händen professioneller Aussteller und werden heutzutage nur noch selten als Haustiere gesehen. Der schwarzbraune König Charles neigt dazu, eher ein dummer Hund zu sein, hübsch genug, aber nicht „klug“; ein liebevolles kleines Ding, aber unintellektuell – das ist zumindest meine Erfahrung mit ihm. Die Fehler beider Rassen sind im Allgemeinen zu lange Beine, lange Köpfe und Nasen anstelle der gewünschten großen runden Schädel; kleine Augen und Locken – letzteres ist ein schrecklicher Fehler. Der Prinz Charles oder Trikolore ist das König-Charles-Darum in drei Farben – Schwarz, Hellbraun und Weiß; und der Rubin ist, wie der Name schon sagt, ganz rot; eher selten, meiner Meinung nach ist dies der hübscheste Zwergspaniel. Alle sind sehr anfällig für Feuchtigkeit und Kälte und sollten sorgfältig getrocknet werden, insbesondere die Füße, nachdem sie im Regen oder Schlamm unterwegs waren. Sie haben ein süßes Fell und riechen selten „hündchenhaft“ – eine große Tugend.

Malteser haben viele Freunde. Dies sind die ältesten aller Schoßhunde, und ein gutes Exemplar mit vollkommen glattem Haar – was allerdings nur selten vorkommt – ist wirklich eine Schönheit. Sie sollten wie Yorkshire-Terrier behandelt werden, mit der Ausnahme, dass einige der immer wiederkehrenden Knötchen vermieden werden können, indem man Mehl oder violettes Pulver (reine Stärke) in das Fell streut und es wieder gut ausbürstet. Sie werden oft durch braune Nasen verwöhnt, die ein großes Handicap darstellen, und auch durch die braunen Flecken, die durch das Laufen der Augen entstehen und bei einem weißen Hund eine große Entstellung darstellen. An dieser Stelle möchte ich mit der Bemerkung unterbrechen, dass diese Flecken auch weiße Spielzeug-Poms verderben würden, wenn weiße Spielzeuge dieser Rasse nicht selten wären. Die Züchter haben ihr Bestes getan, um sie zu bekommen, und es wurden viele kleine Exemplare – unter 6 Pfund – gezüchtet, aber die gezeigten winzigen Weißen weisen im Allgemeinen in irgendeinem Punkt Mängel auf. Von Toy Whites , über 6 Pfund. und unter 8 Pfund gibt es jetzt viele und gute; besonders in einem bestimmten West-Country-Zwinger; aber einige der Besten liegen gefährlich nahe an der Gewichtsgrenze.

Den „ Tränenkanälen", die zu diesem Exkurs geführt haben, kann durch die Anwendung einer Borsäure-Lotion im Auge entgegengewirkt werden ; aber die Flecken sind oft unauslöschlich.

KAPITEL VIII

Beschwerden und Krankheiten

Anämie – eine allgemeine Depression des Gesundheitszustands mit Blutarmut – ist von allen schweren Krankheiten die häufigste bei Hunden. Es ist dieser Zustand, der dazu führt, dass Hunde Würmer haben; Es ist dieser Mangel an Blutversorgung, sowohl in Quantität als auch in Qualität, der etwa neunzig von hundert Fällen von Hauterkrankungen verursacht. Die ursprüngliche Ursache der Krankheit bei Zwerghunden war die Art und Weise, wie sie gehalten, gefüttert und untergebracht wurden und leider oft noch immer gehalten werden. Eine Reihe von Hunden, die in einem künstlich beheizten Gebäude zusammengehalten werden, in kleinen Ställen eingesperrt sind, unreine Luft einatmen müssen und sich von indischem Mehl, Keksen, Haferflocken und anderem Getreide ernähren, mit wenig oder gar keinem Fleisch – das ist das Leben in einem Zwinger eine hervorragende Grundlage für Anämie . Wir alle wissen, dass Spielzeug, das „in Zwingern" gehalten wird, von Würmern, Ekzemen und anderen Hautproblemen heimgesucht wird, aber erst wenn dieses Wissen dazu geführt hat, dass Menschen aufhören, sie so zu halten und erblich bedingtes Ekzem und erblich verunreinigtes Blut an ihre Welpen weiterzugeben, werden wir es schaffen Befreien Sie sich von der angeborenen Tendenz zur Blutarmut, die so viele Spielzeughunde für ihre Besitzer eher zu einem Angstgegenstand als zu einer Quelle der Befriedigung macht.

Wenn ein Gesetz verabschiedet werden könnte, das alle Hunde dazu verpflichtet, täglich eine angemessene Menge an gutem, frischem, nicht durchgegartem Fleisch zu erhalten, und die Fütterung mit Mehl ganz abschafft, selbst für fünf Jahre, wäre es nicht übertrieben zu sagen, dass am Ende dieser Zeit Ekzeme auftreten würden Ihre häufigeren Formen wären ausgestorben, Würmer wären eher die seltene Ausnahme als die Regel, und „Staupe" wäre kein Schrecken mehr.

Es ist außergewöhnlich, wie unwissende, gebildete Menschen, die ansonsten gut informiert sind, sich zu diesem Thema zeigen können. Ich habe wiederholt Briefe erhalten, in denen der Verfasser, nachdem er eine Diät mit Milchpudding, Haferflockenbrei, Gemüse, Brot und Soße usw. beschrieben hat, ernst die Versicherung hinzufügt: „Aber ich habe nie eine mehlhaltige Diät gegeben!" Grünes Gemüse und stärkehaltiges Gemüse wie Kartoffeln sind für Hunde absolut nutzlos und so unverdaulich, dass sie nur an zweiter Stelle nach absoluten Giften wie Karotten und Rüben stehen. Kein Hund kann die für ein gesundes Blut notwendigen Mineralsalze aus Haferflocken, Maismehl oder einer anderen Mahlzeit gewinnen, noch aus ein wenig eisenhartem, getrocknetem Knorpel oder einer ähnlichen Substanz, wie sie in sogenanntem „Fleisch" vorkommt „Lebensmittel. Es kann diese Stoffe nur aus seiner natürlichen und artgerechten Nahrung – dem Fleisch – aufnehmen. Welpen, die sich von dem Zeitpunkt an mit Fleisch ernähren, in dem sie darauf beißen können, leiden nicht an Anämie und sind daher frei von Hautproblemen: Ihr Blut ist reichhaltig und rein und sie beherbergen keine Würmer. Ich bitte jeden Leser, der an diesen Aussagen zweifelt, nur, das sehr einfache Experiment zu versuchen, einen Wurf nach sieben Wochen zu trennen und die Hälfte der Welpen mit Fleisch zu füttern, natürlich unterschiedlich, klein geschnitten und dreimal und anschließend zweimal in mäßiger Menge verabreicht , pro Tag, mit einer sehr kleinen Portion Weizenmehl, die lediglich als Leckerbissen und Abwechslung in Form von kleinen süßen Keksen oder Biskuitkuchen gegeben wird, um den Mahlzeiten die nötige Masse zu verleihen. Keine Soße, Milch, Gemüse und keine Flüssigkeit außer Wasser. Die anderen Welpen im Wurf können nach dem alten, künstlichen und unnatürlichen Plan ständiger, großer, schlampiger Mahlzeiten mit Milchfutter gefüttert werden. Wenn die Bedingungen ansonsten gleich sind – viel Spaß, Sonnenschein und Bewegung –, wird der Unterschied zwischen den beiden Welpengruppen wahrscheinlich deutlich genug sein, um meine Argumentation zu bestätigen, mit dem weiteren Zusatz, dass die mit Fleisch gefütterten Welpen gefunden werden Sie sind im Haus vor Beginn ihrer Ausbildung um einiges weniger anstößig und unendlich leichter zu erziehen als ihre Brüder, die sich mit Mehl ernähren.

In Fällen von Anämie , die sich durch Hautprobleme, Blässe um die Augen, schlechten oder launischen Appetit, Mattigkeit, unangenehmen Atem, Abmagerung und ein allgemeines Erscheinungsbild der Unsparsamkeit äußern, ist eine großzügige Fleischdiät das erste Wesentliche, und viel frische Luft – nicht unbedingt schwere Übung, für die der Patient im Allgemeinen nicht geeignet ist – die nächste. Ein Tonikum ist immer wünschenswert und am besten eignet sich ein Bügeleisen. Es gibt verschiedene Formen dieses nützlichen Arzneimittels. Reduziertes Eisen kann in sehr geringer Dosierung verabreicht werden; Eisensulfat ist billig und in Pillenform nützlich: Beide neigen zu Verstopfung. Das verzuckerte Eisenkarbonat ist ein wunderbares Präparat, das nicht verstopft – es hat tatsächlich eine leicht abführende Wirkung. Es handelt sich um ein Pulver, das bis auf die Süße geschmacklos ist und leicht eingenommen werden kann, wenn man es auf Fleisch streut, oder es kann mit der Zugabe eines tonischen Bitterstoffs zu Pillen verarbeitet werden, wie in Form der Kanofelin Tonic-Pillen. Es ist die teuerste Eisenform, aber das heißt nicht viel, denn alle sind absurd niedrig im Preis. Die Dosis für ein Spielzeug beträgt zwei bis vier Körner zweimal täglich, in oder unmittelbar nach dem Essen. Lebertran ist ein nützliches Medikament bei schlimmen Fällen von Anämie , insbesondere wenn ein langhaariges Spielzeug aufgrund einer vererbten Angewohnheit des Körpers immer ein schlechtes Fell hat. Manchen Hunden wächst kein Fell, nur weil ihnen die

Kraft dazu fehlt, und andere erben eine spärliche Behaarung. Wenn aber noch Haare übrig sind, hilft eine Kur mit Lebertran, und noch besser als herkömmlicher Lebertran ist die Zubereitung mit Malz. Billiger Lebertran ist jedoch schrecklich und sollte niemals verabreicht werden. Es wird nur als Abführmittel wirken und mehr als nutzlos sein. Auch sollte ein Hund niemals gezwungen werden, diese Substanz einzunehmen, wenn er eine Abneigung dagegen hat. Aber wenn der anämische , spärlich behaarte Patient es bereitwillig verträgt, wird ein Teelöffel eines guten Lebertrans und Malzextrakts, zusätzlich zu drei Körnern zuckerhaltigem Eisenkarbonat zweimal täglich, zusammen mit einer Fleischdiät einen wunderbaren Unterschied machen Hund von ihm in sechs Wochen oder zwei Monaten.

Es ist völlig sinnlos, eine Woche oder zehn Tage lang oder unregelmäßig irgendein Tonikum zu verabreichen. Es muss über einen langen Zeitraum und mit vollkommener Regelmäßigkeit verabreicht werden, sonst nützt es überhaupt nichts: Es muss Zeit haben, in den Körper aufgenommen zu werden, ihn zu durchdringen und vom Blut aufgenommen zu werden.

Schlechte Zähne. — Das Vorhandensein von Zahnkrebs bei Hunden ist im Allgemeinen eine weitere Folge schlechter Aufzucht und mehlhaltiger Fütterung. Fleischgefütterte Welpen von fleischgefütterten Eltern haben auffallend gute, gesunde Zähne, wohingegen es bei Zwingerhunden keineswegs ungewöhnlich ist, Exemplare mit durch und durch verdorbenem Maul zu finden, und dieser Zustand wird sicherlich manchmal auf die Nachkommen übertragen. Die Zähne sehen tiefgelb oder braun aus, der Zahnschmelz ist weich und in schlimmen Fällen fallen sie aus. Das Zahnfleisch ist weich und schwammig und blass. Da es sich um eine konstitutionelle Erkrankung handelt, kann kaum oder gar nichts getan werden, um den Zahnverfall aufzuhalten, der glücklicherweise schmerzlos zu sein scheint. Der Hund sollte sorgfältig mit dem nährstoffreichsten, halbgaren Fleisch gefüttert werden, und das Maul kann täglich mit einer sehr schwachen Lösung von Kalipermanganat ausgewaschen werden: gerade genug Kristalle, um warmes Wasser rosa zu färben. Der beste Weg, diese kleine Operation durchzuführen – eine, gegen die die meisten Hunde sehr protestieren – besteht darin, jemanden dazu zu bringen, den Kopf mit der Nase nach unten über ein Becken zu halten und die Düse einer Guttapercha-Kugelspritze dazwischen einzuführen Führen Sie die Lippen an der Rückseite einer Seite durch und lassen Sie sie an der Stelle im Kiefer eindringen, an der sich zwischen den unteren Zähnen eine Lücke befindet. Durch zwei- oder dreimaliges Drücken des Balls wird der Mund dann ziemlich effektiv ausgewaschen.

Dieser krebsartige Zustand der Zähne von Hunden kann durch die Aufnahme von Quecksilber in den Körper verursacht werden. Ein Hund, der unter sehr hartnäckigen, wiederkehrenden Ekzemen litt, die bekanntermaßen von schlecht erzogenen Eltern geerbt wurden, wurde offenbar wie durch Zauberei geheilt, als er zu einem Tierarzt geschickt wurde , der ihn am ganzen Körper mit Quecksilbersalbe verband. Die Verbesserung seines Zustands hielt etwa drei Monate lang an, bis sich herausstellte, dass er Schwierigkeiten beim Essen hatte. Bei der Untersuchung seines Mundes stellte sich heraus, dass die zuvor gesunden Zähne wie dunkles, gelbbraunes Leder aussahen und das Zahnfleisch wund war. Die nächste Entwicklung war ein krebsartiges Wachstum in den hinteren Nasenlöchern, und so starb das arme Tier, Opfer eines grausamen „Schicksals", für das der Chirurg eine Heilung in Aussicht gestellt hatte. Solche Fälle sind keine Seltenheit.

Zahnkaries , die unsere eigenen Zähne befällt, wenn diese verfallen und gestoppt werden müssen, bereitet Hunden gelegentlich, wenn auch glücklicherweise nicht oft, Probleme. Sie können das Zahnmark im Inneren eines Zahns verletzen, indem sie zu stark auf einen Knochen beißen, zu grob spielen und vor allem Steine tragen, was eine sehr schlechte Praxis ist. Das Einzige, was man tun kann, ist in der Regel die Extraktion des Zahns unter Chloroform, da es schwierig ist, einen Hundezahnarzt zu finden, der einen kariösen Zahn stoppt. Ein Hund mit Zahnschmerzen, der sein Gesicht am Boden reibt und weint, ist ein erbärmlicher Anblick.

Abszesse zwischen oder an den Zehen sind eine Form von Ekzemen und sollten konstitutionell behandelt werden, wie unter der Überschrift Anämie , der üblichen Ursache von Ekzemen, vorgeschlagen. Hunde machen sich diese Wunden zu schaffen, und das muss verhindert werden, indem der Fuß in eine Socke aus festem, gewaschenem Kattun gesteckt wird, die mit Klebeband um das Bein gebunden wird. Behandeln Sie die Wunde vor dem Anziehen der Socke mit Jodoformpulver oder Zinksalbe.

Andockende Welpen. — Das Kupieren ist weder ein Leiden noch eine Krankheit, aber da die nachlässig durchgeführte Operation ein sehr trauriges Ende für das Leben eines wertvollen Welpen bedeuten kann, ist es gut, ein Wort darüber zu verlieren. Das Andocken sollte niemals erfolgen, bis die Augen geöffnet sind und das Nervensystem vollständig organisiert ist. In einem solchen Alter ist es eine große Grausamkeit und das Blutungsrisiko ist enorm erhöht. Sofern die Welpen nicht sehr geschwächt sind, sollten sie spätestens im Alter von fünf Tagen kupiert werden. Glücklich ist der Besitzer, dessen Poms oder Möpse keiner solchen Verbesserung bedürfen! Der Schipperke-Besitzer wurde besonders bemitleidet bzw. geschmäht, aber tatsächlich besteht in den Händen eines kompetenten Chirurgen, der es gewohnt ist, diese und andere Hunde zu operieren, kein Jota mehr Risiko oder mehr Schmerzen oder schwieriger als im Umgang mit einem Terrier. Das Andocken sollte von einem erfahrenen Tierarzt unter Einhaltung geeigneter antiseptischer Vorsichtsmaßnahmen durchgeführt werden. Seine Hände und die starke Schere, die er verwendet, werden zunächst durch

Waschen mit Karbolsäure oder einer anderen antiseptischen Lösung gründlich antiseptisch gemacht, und die Operation kann durchgeführt werden, ohne dass der Welpe überhaupt Blut verliert. Die Wunden werden mit Jodoformpulver und Gerbsäurepulver vermischt, und in einer Stunde wird die Mutter, die man auf einen Spaziergang schicken sollte, während der Chirurg im Haus ist, in die Wunden eingelassen, und sie werden saugen, als ob nichts war passiert. Gelegentlich kann es aufgrund individueller Eigenheiten vorkommen, dass ein Welpe nach dem Kupieren blutet, weshalb stets sorgfältige Überwachung erforderlich ist. Bei Blutungen baden Sie mit sehr kaltem Wasser, in dem Alaun aufgelöst wurde, und wenden Sie ein blutstillendes Mittel wie Gerbsäure oder Eisenchlorid an. Aber es ist immer gut, den Bediener zu bitten, noch etwa eine Stunde zu bleiben, bis alle Risiken vorüber sind. Die Blutgefäße verschließen sich sehr schnell an ihren Enden (um eine untechnische Sprache zu verwenden), und die Zunge der Mutter wird, wenn sie nach der erforderlichen Zeitspanne wieder aufgenommen wird, keinen Schaden anrichten. Obwohl das Kupieren weder gefährlich noch grausam ist, wenn es richtig an Welpen durchgeführt wird, die so jung sind, dass sie in ihren unterentwickelten Nerven nur wenig oder gar kein Gefühl haben, ist es eine Barbarei, es einer unwissenden Person, wie einem Stallknecht oder Kutscher, tun zu lassen; und die Hundebesitzerin, die ihren eigenen eventuellen Widerwillen nicht ausreichend opfern wird, um mit dem erfahrenen Chirurgen zusammenzuarbeiten, um dafür zu sorgen, dass alles ordnungsgemäß durchgeführt wird, ist es zumindest ihren stummen Angehörigen gegenüber schuldig, ihn dafür zu bezahlen, dass er alle angemessenen Vorsorgemaßnahmen trifft und einen Hund mitbringt Bitten Sie einen Assistenten, sie zu halten und dort zu bleiben, bis sie ganz sicher und bequem sind.

Gallenanfälle . — Eine leichte Erkältung, in ostwindigen Jahreszeiten oder durch übermäßige Kälteeinwirkung, kann bei Hunden manchmal einen Leberanfall auslösen, während manche, ganz wie ihre Besitzer, gewöhnlich unter Übelkeitskopfschmerzen leiden. Ein galliger Hund zittert, sieht elend aus, stößt nach langem Würgen etwas gelbe Flüssigkeit oder etwas Schaum aus und verweigert die Nahrungsaufnahme. Ein solcher Anfall ist immer leicht zu diagnostizieren, da die Nase in der Regel kalt und feucht bleibt und es zu keinem Temperaturanstieg kommt. Die gleichen Symptome, verbunden mit Fieber, würden wahrscheinlich den Beginn einer schweren Erkrankung bedeuten, die fachkundigen Rat erfordert; aber ohne Temperaturanstieg sind nicht wichtig, es sei denn, sie widerstehen der Behandlung und halten länger als etwa zwölf Stunden an. Der Patient sollte warm gehalten werden, bei schlechtem Wetter vor dem Feuer zugedeckt werden und ihm alle vier Stunden eine weiche Pille aus drei Körnern Bismutkarbonat und einem Körnchen Natron gegeben werden, bis der Appetit zurückkehrt.

Appetitlosigkeit ist ein Symptom, das niemals außer Acht gelassen werden sollte. Für Besitzer von Sporthunden mag es völlig richtig sein, den so häufig gehörten Satz zu verwenden: „Oh, wenn er nicht frisst, geht es ihm besser ohne", aber mangelnder Appetit sollte bei einem Spielzeughund nie eine Rolle spielen an den Besitzer. Es kann natürlich nur durch vorangegangenes übermäßiges Essen entstehen, und überfütterte Hunde sind sicherlich anfällig für Gallenanfälle, die nicht viel Mitgefühl erfordern; Es ist jedoch immer ratsam, sich zu vergewissern, dass nichts Schlimmeres vorliegt, bevor man das Thema verwirft. In Fällen, in denen Appetitlosigkeit der Vorläufer und die Begleiterscheinung einer Krankheit ist, wie etwa bei der Staupe, wäre es äußerst unklug, den Hund sich selbst zu überlassen, und indem man ihn ohne Futter auskommen lässt, schwächt man die Vitalität und gibt der Krankheit einen festeren Halt . Als allgemeine Regel gilt, dass ein Hund ohne große Angst eine Mahlzeit auslassen darf; Wenn jedoch eine Sekunde verweigert wird, sollte ohne Zeitverlust eine Untersuchung durchgeführt und die Temperatur gemessen werden. Ein Fieberthermometer ist ein äußerst nützliches Hilfsmittel im Hundezimmer und bei Temperaturen über 100 Grad . oder 101 Grad — ersteres ist die normale Temperatur des Hundes — ist verdächtig. Die einfachste Art der Einnahme besteht darin, das Instrument zwischen Oberschenkel und Körper einzuführen und diese sozusagen zusammenzuhalten. Welpen verweigern häufig das Futter, nur weil ihr Zahnfleisch vom Zahnen wund ist, und auch hier wäre es äußerst dumm, sie halb verhungern zu lassen. Wenn man beobachtet, dass ein Welpe sein Futter mit den Vorderzähnen aufnimmt, jedes Stück schüttelt und es gleichgültig umdreht, ist das ein ziemlich sicheres Zeichen dafür, dass er nicht bequem fressen kann; Wenn der natürliche Prozess des Zähneschneidens fehlerhaft ist, muss man ihm lediglich Hackfleisch und weiches, aber trockenes Futter geben — ein Biskuitkuchen wird fast immer gerne ausgehandelt — und darauf achten, dass er genug zum Unterhalt bekommt ihn in gutem Zustand zu halten und ihn durch die kritische Zeit zu begleiten; Wenn, wie es manchmal bei einem älteren Hund der Fall ist, ein zu langer Zahn reizt und entfernt werden muss, muss die Dienste des Tierarztes in Anspruch genommen werden, da es für einen Amateur nicht ratsam ist, sich in der Hundezahnheilkunde zu versuchen. Das Hauptmerkmal der „neuen" oder Stuttgarter Krankheit bzw. der Gastritis ist übrigens die Unfähigkeit, Nahrung zu sich zu nehmen, Geschwüre im Mund und Magenbeschwerden; Und auch hier ist der beginnende Appetitverlust mit Argwohn zu betrachten. Einfache Galle kommt bei richtig ernährten Hunden nicht häufig vor, wird aber manchmal bei einzelnen Menschen durch etwas hervorgerufen, das ich medizinisch so bezeichnen möchte, dass ich es als Idiosynkrasie bezeichne — nämlich die Unfähigkeit, bestimmte Nahrungsmittel zu verdauen. Viele Zwerghunde können kein Gemüse essen, das natürlich für alle unnatürlich und sehr unverdaulich ist, und andere werden ausnahmslos krank, wenn ihnen Milch gegeben wird, und der Hund kann diesen Besonderheiten ebenso wenig entgegenwirken wie Menschen, die in ähnlicher Weise betroffen sind. Eine Galle, die entweder durch übermäßiges Essen, eine Erkältung der Leber oder eine ungeeignete Nahrung hervorgerufen wird, ist leicht zu erkennen, und hier *ist* eine zeitweilige Abstinenz ratsam. Der Patient wird frösteln, hat wahrscheinlich kalte Pfoten und kann mehrere Male krank werden, wobei nur wenig gelber Schaum entsteht ; Die meisten Hunde fressen Gras und fühlen sich bald besser, da sie keine Medikamente benötigen. Wenn der Appetit jedoch nicht schnell zurückkehrt, geben Sie alle vier Stunden eine Wismut-Soda-Pille, wobei das Verhältnis drei Körner Bikarbonat-Natron zu einem Körnchen Karbonat-Natron beträgt.

Verdauungsstörungen sind bei Spielzeughunden keine Seltenheit und führen häufig zu der abscheulichen Angewohnheit, auf der Straße schreckliche Dinge zu essen, worüber sich Hundebesitzer manchmal und zu Recht beschweren. Auch das Vorhandensein von Würmern führt zu dieser Angewohnheit, und wo sie vorkommen , kann man sie zunächst vermuten; und wenn ihre Existenz dann widerlegt wird, kommt Verdauungsstörung als wahrscheinlicher Faktor ins Spiel. Die Behandlung ist nicht schwierig, aber die Besitzerin muss sich dazu entschließen, durchzuhalten und ihren Hund selbst zu füttern – kein Diener, egal wie vorsichtig er ist, verfügt über genug Urteilsvermögen, um mit einem Fall dieser Art umzugehen. Absolute Regelmäßigkeit bei der Fütterung ist erforderlich; Die Mahlzeiten müssen klein, aber sehr nahrhaft sein und der Hund sollte nicht unmittelbar nach dem Fressen trinken dürfen. Ein Verdauungstonikum, das Nux vomica enthält, ist fast ausnahmslos nützlich, aber es ist kein Arzneimittel, das allgemein verschrieben werden kann, denn Nux vomica ist an sich schon ein gefährliches Medikament und wirkt bei manchen Hunden viel freier als bei anderen, was es äußerst unklug macht allen Hunden gleichermaßen „so viel" zu verschreiben. Unter diesem Vorbehalt werde ich ein Rezept ausstellen, das für einen Yorkshire-Terrier mit einem Gewicht von etwa 6 Pfund bestimmt ist, der sicher an Spielzeugen zwischen 5 Pfund und 2,5 Kilogramm ausprobiert werden kann. und 8 Pfund. Gewicht, wobei die Menge dieser speziellen Zutat für Hunde zwischen 4 Pfund und 1,6 Kilogramm um die Hälfte reduziert wird. und 5 Pfund. und um zwei Drittel für Spielzeugwelpen, bei denen die Verabreichung mit besonderer Wachsamkeit überwacht werden muss: [Rx] pulv . nucis vom ., gr.; Pulv . Radix Enzian , 1 gr.; Kohlenhydrat. Wismuthi , 4 gr.; Bicarb, Natrium , 1½ g; Ferri- Vergaser. Beutel , 3 gr. MHD -Ausstellung . cum cib . bis vel ter sterben. Eine etwas ähnliche, aber in mancher Hinsicht überlegene Pille wird als eines der Kanofelin- Mittel verkauft.

Das Symptom einer zu großen Anfälligkeit für die Wirkung von Strychnin (nux vomica) wird, um es deutlich auszudrücken, Zuckungen und Nervosität sein, und wenn diese nach einer Dosis beobachtet werden , muss diese verringert oder ganz abgesetzt werden, und in diesem letzteren Fall das Pulver ohne die erste Zutat kann probiert werden.

Unangenehmes Atmen und Aufstoßen. — Beta-Naphthol, verabreicht in Tabletten mit ½ g. Jedes davon ist ein wertvolles Medikament bei Verdauungsstörungen, bei denen Aufstoßen und unangenehmer Atem auffallen. Für Spielzeug unter 5 Pfund. ¼ gr. Pillen müssen gegeben werden; In beiden Fällen wird eine Tablette etwa zehn Minuten nach jeder Mahlzeit eingenommen. Die Wirkung des Medikaments besteht lediglich darin, die Fermentation der Nahrung und die daraus resultierende Bildung von faulen Gasen im Magen zu stoppen. Wenn diese Form der Verdauungsstörung mit Durchfall einhergeht , kann anstelle von Naphthol Salol in den gleichen Dosen gegeben werden; aber es und Naphthol sind nicht für alle Hunde gleichermaßen geeignet, obwohl beides keinen Schaden anrichten kann, und wenn der Patient nach einer Dosis krank wird, ist das Zeichen gegeben, dass die Behandlung für seine Individualität ungeeignet ist. Wie bei menschlichen Patienten muss der Hundearzt möglicherweise mehrere Behandlungsmethoden ausprobieren, bevor er das Heilmittel findet. Pillen sind oft mühsam zu verabreichen, und daran kann man auch an pulverisierter Pflanzenkohle nichts auszusetzen haben, gegen die nur wenige Hunde etwas einzuwenden haben, wenn sie über ihr Futter gestreut und leicht mit ein paar winzigen Stücken von etwas sehr Leckerem bedeckt wird; Wenn der Besitzer jedoch lieber Medikamente außerhalb des Futters verabreichen möchte, ist die Einkapselung des Pulvers in eine Kapsel immer praktikabel. Zu den Kanofelin -Mitteln gehört ein einfaches und geschmacksneutrales Pulver , das bei Verdauungsbeschwerden immer zum Essen verabreicht werden kann.

Der schlechte Macher. — Appetitlosigkeit ohne besonderen Grund, außer allgemeiner Magenschwäche, ist das ärgerliche Merkmal des Schreckens des Zwingermanns – des „Bösen Täters", der sich durch Dünnheit und schlechtes Fell auszeichnet . Hier und da finden wir einen dünnen kleinen Hund, den nichts mästen kann; kaum hungrig und zierlich zur Ablenkung seines Besitzers; ein Hund, der nicht an einem fremden Ort oder von einem ungewöhnlichen Teller frisst und der durch das, was er *frisst* , nur noch dünner und elender wird . Er ist ein nicht beneidenswerter Besitz, aber wir müssen das Beste aus ihm machen und ihn mit kleinen und häufigen Mahlzeiten überreden, denn er akzeptiert oft einen Teelöffel rohes gehacktes Fleisch oder einen Esslöffel Sahne, während er bei einem gewöhnlichen Fleisch nicht einmal ins Auge sehen würde Geben Sie ihm das Futter Ihres Hundes und bringen Sie ihn so gut es geht auf die Schau, mit einem täglich neu gelegten Ei, aufgeschlagen in ganz wenig Milch, und dem nützlichen und wertvollen Hilfsmittel für Hundebesitzer, Lebertran und Malz. Die meisten

Hunde nehmen dies mit etwas verlockendem Fleisch zu sich, um den Appetit zu lindern. Natürlich darf es zunächst nicht übertrieben werden, sondern zunächst in sehr kleinen Dosen verabreicht und dann schrittweise gesteigert werden, bis unser durchschnittlich 2,7 kg schwerer Hund zweimal täglich einen vollen Teelöffel voll zu sich nimmt. Es ist ein wunderbarer Haarproduzent. Lebertran allein, ohne Malz, ist viel weniger nützlich, und billige Zubereitungen aus einem oder beiden davon sollten strikt vermieden werden; Es liegt in der Natur der Sache, dass ein solches Medikament nicht billig sein kann, wenn es wirklich gut sein soll. Und hier möchte ich anmerken, dass es keinen Grund gibt, ihm billige Medikamente jeglicher Art zu verabreichen, weil wir es *nur mit einem Hund zu tun haben*. Sein System ist in seinem Gleichgewicht genauso schön und empfindlich wie das eines Menschen, obwohl seine Zähne und seine Verdauung stärker sein können – was keineswegs immer der Fall ist – und die Verabreichung unreiner oder verfälschter Medizin ist ebenso groß eine Grausamkeit gegenüber der menschlichen Maschinerie. Einem Zwerghund unvollkommen gereinigten, rohen Lebertran zu geben, weil er billig ist, ist so, als würde man erwarten, mit einem Beil feine Schnitzereien in Eichenholz zu machen, weil es sich um Eichenholz und nicht um satiniertes Holz *handelt*.

Interne Parasiten. – In keinem Fall hat der moderne Wissensfortschritt mehr Trugschlüsse zutage gefördert, die früher als feste Überzeugungen galten, als dort, wo die inneren Parasiten – die für unsere gegenwärtigen Zwecke, da dies nur ein populäres Handbuch ist, als Bandwürmer und Spulwürmer klassifiziert werden können – von Der Hund ist besorgt. Leidete ein Hund noch vor wenigen Jahren an einer Hautkrankheit in irgendeiner Form, wurden sofort „Würmer" als Ursache genannt. Jetzt wissen wir – oder besser gesagt, diejenigen unter uns, die entweder ein gewisses Verständnis für die Anatomie und Physiologie von Hunden haben oder sich auf das Wort des Wissenschaftlers verlassen –, dass Würmer nichts verursachen: Sie sind keine Ursache, sondern eine Wirkung. Sie sind ein Symptom einer Anämie ; Und da Hautprobleme bei Hunden fast immer mit einer schweren Anämie einhergehen , treten Hautprobleme und Würmer meist gemeinsam auf. Daher können wir Hunde nicht davon heilen, dass sie Würmer beherbergen , indem wir ihnen vertreibende Dosen der verschiedenen reizenden Medikamente verabreichen, die als Wurmmittel wirken, ganz gleich, wie lobend beworben und geboomt sie auch sein mögen. Auf diese Weise können wir den Feind nur vorübergehend vertreiben, der mit Sicherheit wiederkehren wird, weil die Bedingungen, die in einem anämischen Darm herrschen, ihm vollkommen entgegenkommen und seine Vermehrung begünstigen, während er im gesunden Darm mehr oder weniger das Schicksal der Nahrung teilt wird verdaut und ist nicht in der Lage, sich schnell oder nachhaltig zu vermehren. Ein anämischer oder beeinträchtigter Zustand der Blutversorgung der Zotten, oder, in nicht-wissenschaftlicher Sprache, der

Verdauungsporen, die überall in der Schleimhaut des Darmtrakts vorhanden sind, hat zur Folge, dass sie verhindern, dass sie diese starken Säfte oder Verdauungssäfte ausscheiden Flüssigkeiten, die sie normalerweise produzieren. Ihre Sekrete sind verändert und abgeschwächt und haben keine schädliche Wirkung auf die Parasiten, die sich dann schnell vermehren. Wenn daher durch das Erscheinen kurzer gelblich-weißer Segmente, die im Allgemeinen etwa einen Zoll lang sind und in der Breite von einer bloßen Linie bis zu etwa einem Viertel Zoll variieren, die von einem Hund herumgeworfen werden, dieser Bandwurm deutlich wird existiert; oder man sieht, dass er Spulwürmer hat, die ein wenig Regenwürmern ähneln, indem er sie erbricht oder auf andere Weise. Was wir tun müssen, ist, den allgemeinen Gesundheitszustand zu ändern, der die Existenz dieser Schädlinge ermöglicht. Kurz gesagt, wir müssen den Hund wegen Anämie behandeln , ein Thema, das bereits besprochen wurde. Es ist natürlich gelegentlich möglich, dass sich ein gesunder, mit Fleisch gefütterter Hund versehentlich durch das Verschlucken von Bandwurmeiern infiziert, und in einem solchen Fall können einige der Parasiten für eine beträchtliche Zeit beheimatet sein , nicht aber zunehmend, sondern jetzt und dann ihre Anwesenheit manifestieren. Eine Infektion ist möglich durch das Verschlucken von Flöhen, die Zwischenwirte von Bandwürmern sind, oder durch den Verzehr des Inneren von Kaninchen, die normalerweise von diesen Tieren wimmeln, oder, nach Meinung einiger Experten, durch das Schnüffeln der Eizellen durch die Nase Passagen und anschließendes Verschlucken. Da man jedoch nicht immer sicher sein kann, dass der augenscheinlich gesunde Hund nicht ein wenig unterdurchschnittlich ist, ist es immer gut, ihn einen Monat lang mit einer Eisenkur zu behandeln und ihm die bei Anämie empfohlenen Pulver oder Stärkungspillen zu verabreichen Nach Ablauf dieser Frist, wenn das System so stark geschärft ist, dass die Position der Würmer nahezu unhaltbar ist und ihre Austreibung endgültig ist, können eine oder zwei Wurmmitteldosen verabreicht werden. Alle Arten von Heilmitteln gegen Quacksalber wurden als unfehlbar gepriesen und angepriesen, aber viele sind äußerst drastisch und einige geradezu gefährlich. Die so häufig empfohlene Arekanuss ist ein äußerst heftiges Reizmittel, das in seiner Wirkung auf junge Welpen sogar giftig ist, und in allen Fällen ein sehr grausames Heilmittel. Wurmsamenöl, ein amerikanisches Präparat, möglicherweise aus einer der Inula-Pflanzen, einer in englischen Gärten bekannten Pflanzenfamilie, ist manchmal eine Zutat; auch so höchst ungeeignete, inerte, nutzlose oder gefährliche Substanzen wie Sulfat von Magnesia, Salz oder Kuhhirse , zusammen mit starken Dosen von Santonin , einem Medikament, das niemals in unbekannten Mengen verabreicht werden sollte. Diese geheimen Heilmittel werden oft von einer heftigen Abführwirkung begleitet, was ihre Gefahr noch erhöht. Der intelligente Hundebesitzer sollte wissen, was er gibt, und bis zu einem gewissen Grad verstehen, welche Wirkung er hat; Aber in einem Land, in dem die vielgepriesenen Quacksalber-Medikamente größtenteils an Kinder verabreicht werden, dürfte es meiner Meinung nach schwierig sein, zu verhindern, dass sie auch Hunden verabreicht werden. Auf jeden Fall sollte jungen Welpen kein Wurmmedikament, welcher Art auch immer, außer einem Eisentonikum verabreicht werden, da kein bekanntes Medikament eine stärkere Wirkung als Eisen auf die Parasiten besitzt und für Spielzeugwelpen unter drei Monaten sicher ist. Nach diesem Alter ist es sicher, sehr kleine Dosen Wurmfarnöl und ganz kleine Mengen Santoninöl zu verabreichen . Diese werden am besten in einer Kapsel kombiniert, in dieser Form können sie verabreicht werden, ohne den Patienten zu belasten, und eine vollkommen sichere Kapsel nach dieser Formel gehört zu den Kanofelin- Mitteln – die nicht geheim sind, sondern nach Anerkennung zusammengesetzt werden Formeln und aufgrund der Reinheit ihrer Arzneimittel und der Sicherheit ihrer Wirkung gleichermaßen für Hunde und Kinder geeignet. Wenn eines der beliebten beworbenen Mittel für Erwachsene verwendet wird, sollte zunächst mit viel geringeren Dosen als den angegebenen experimentiert werden, um die Sicherheit zu gewährleisten, da eine mikroskopische Dosis für den Zweck des Spielzeughundebesitzers und der Hunde oft ziemlich schwerwiegend ist reagieren ebenso unterschiedlich empfindlich auf die Wirkung von Medikamenten wie wir selbst.

Bei sehr jungen Welpen ist die Aufzucht von Spulwürmern durch das Maul keineswegs ungewöhnlich, insbesondere wenn es sich um Welpen handelt, die von „Zwinger"-Eltern geboren wurden, d Maismehl), verweigert Fleisch und führt ein in jeder Hinsicht völlig unnatürliches Leben. Für einen Laien ist es eher ein Schock, wenn das passiert, aber in der Regel muss man sich kaum Sorgen machen, denn wenn der Welpe richtig mit kleinen Trockenmahlzeiten sehr bekömmlicher und nahrhafter Natur gefüttert wird, sagen wir zwei Esslöffel gutes, halbgares Rumpsteak oder die gleiche Menge gebratenes Hammelfleisch, dreimal täglich für einen Hund von der Größe eines Mops, und wenn man ihm zu zwei dieser Mahlzeiten eine Dosis von einem Korn Eisen gibt, wird er ziemlich sicher aus seinen Problemen herauswachsen. In jedem solchen Fall muss großer Wert darauf gelegt werden, die Kräfte des Patienten aufrechtzuerhalten, um ihm die Zeit zu überbrücken, in der es aufgrund seiner Jugend und seines sehr empfindlichen kleinen Magens unmöglich ist, ihm sicher ein stärkeres Medikament zu verabreichen.

Extreme Dünnheit und Fellverlust werden manchmal auf die wunderbare Kraft zurückgeführt, die Würmer in altmodischen Augen besaßen. Beide Symptome gehören zu einer Anämie , ebenso wie Atembeschwerden . Schließlich lässt sich die Behandlung dieses überbewerteten

Schreckgespensts in Bezug auf Krankheiten, „Würmer", leicht wie folgt zusammenfassen : Fleischfütterung; ein Eisenstärkungsmittel; ein Wurmmittel nach dem Tonic-Kurs und nicht davor.

Nach den Wurmfarn-Kapseln ist die Gabe von Wirkstoffen völlig überflüssig. Die meisten Erfinder von „Wurmpillen" und dergleichen verordnen die Verabreichung von Rizinusöl nach ihren Boli, was sowohl für den Bediener als auch für den Patienten eine schreckliche Verschlimmerung darstellt.

Aperients. — Manche Menschen sind der Meinung, dass es wünschenswert sei, Hunden in regelmäßigen Abständen, nach dem alten „Frühlingsmedizin"-Prinzip, über das ganze Jahr verteilt eine Dosis zu verabreichen. Es kann kein größerer Fehler gemacht werden. Einem Hund sollten niemals Medikamente jeglicher Art verabreicht werden, es sei denn, er ist wirklich krank, und dies wird auch nie in der angegebenen Richtung geschehen, wenn er richtig gefüttert und regelmäßig trainiert wird. Das natürliche und richtige Futter eines Hundes ist Fleisch; Der Distensionsreiz muss dem Darm jedoch dadurch gegeben werden, dass man dem Fleisch eine gewisse Menge nährstoffreicher Nahrung zufügt. Wir können nicht genug Fleisch geben, um uns diesen Anreiz dauerhaft leisten zu können, denn dadurch würden wir das System überlasten. Im Naturzustand fraßen Hunde wie andere Fleischfresser das Fell und die Häute ihrer Beute: Jetzt müssen wir ihnen einen bestimmten Anteil, aber nur einen kleinen, an Keksen aus Weizen geben (nicht aus Haferflocken oder Maismehl, was ja der Fall ist). zu unverdaulich) oder aus Schwarzbrot, um Masse ohne Nahrung zu liefern. Sie können, wenn ein Appetitzügler absolut notwendig ist, eine Mahlzeit aus gekochter Leber, ein oder zwei Teelöffel reines Olivenöl, das über ein wenig Fleisch gegossen oder von einem Löffel verabreicht wird, oder etwas Lebertran, das freiwillig eingenommen werden kann, zu sich nehmen ist gleichermaßen wirksam. Milch wirkt stark abführend, und manchmal, wenn keine Galle vorliegt, genügt eine kleine Untertasse voll als Appetitzügler. Nehmen Sie einen Hund immer zur gleichen Tageszeit mit auf den Auslauf, egal, ob es nass oder schön ist, und verlieren Sie niemals die Tatsache aus den Augen, dass ein gut erzogenes, sauberes kleines Haustier durch seine guten Manieren einen gefährlichen Verstopfungsanfall auslösen kann, wenn dies der Fall ist Der Aufruf zum Spaziergang wird ignoriert.

TYPISCHER JAPANISCHER SPANIEL.

Staupe. — Tatsächlich gibt es keine Staupe. Es gibt zwei Krankheiten oder zwei Gruppen von Krankheiten, beide mehr oder weniger ansteckend, die mangels qualifizierter Diagnose gleichgültig so genannt werden, aber ihre populäre Bezeichnung ist so fest verankert, dass die „Staupe" uns bis zum Ende begleiten wird das Kapitel, und solange die Krankheit richtig behandelt wird, spielt es keine Rolle, ob wir sie Bronchialkatarrh, Gastroenteritis, Typhus oder Staupe nennen. Vielleicht ist es in einem Handbuch, das nicht für Gelehrte gedacht ist, am nützlichsten, da es sicherlich am einfachsten und meiner Meinung nach praktischsten ist, von „zwei Formen der Staupe" zu sprechen, seit den Brust- und Lungenkrankheiten des Hundes Alle erfordern eine Art der Behandlung zu Hause, und die häufigeren Erkrankungen des Darmtrakts können mit Sicherheit in einen Topf geworfen werden, da sie einen anderen, ziemlich einheitlichen Behandlungsstil erfordern. Darüber hinaus sollte sich der nichtmedizinische Hundehalter nicht trauen, denn es ist genauso wichtig, dass ein Hundepatient kompetenten Rat erhält, wie dass er seinen Besitzer hinzuzieht – das heißt, wenn seine Genesung gewünscht wird.

Grob gesagt gibt es also zwei Arten von Staupe: die Staupe, die Nase, Rachen und Brust befällt und in leichten Fällen nur als sehr schlimme Erkältung gelten kann, und die Staupe, die den Darmkanal befällt und das gesamte Verdauungssystem betrifft . Letzteres ist für einen Amateur sicherlich umso mühsamer zu behandeln und entschieden tödlicher; aber glücklicherweise ist ersteres häufiger. Es ist sehr leicht zu erkennen, wann ein Hund von Staupe in der katarrhalischen Form betroffen ist , und wenn er sich in diesem Zustand befindet, ist es meiner Meinung nach viel wahrscheinlicher, dass es ihm gut geht, wenn er zu Hause sorgfältig gepflegt wird; Aber bei der Typhusform ist eine qualifizierte Pflege erforderlich, um dem Fall gerecht zu werden, und die körperlichen Bedingungen sind so, dass der Hund bei ihm bessere Chancen hat, wenn – es ist ein großes „Wenn" – der richtige Tierarzt gefunden werden kann.

Die Symptome der katarrhalischen Staupe sind Schüttelfrost, Fieber – die Temperatur ist anfangs im Allgemeinen nicht sehr hoch, aber ein oder zwei Grad über dem Normalwert – reichlicher Ausfluss aus Augen und Nase, kurz gesagt, alle Symptome einer schlimmen, fieberhaften Erkältung; und die Behandlung kann genau die sein, die wir einem Kind unter den gleichen Umständen geben sollten. Das Tolle ist bei beiden Formen, die Stärke von Anfang an aufrechtzuerhalten; Dies ist weitaus wichtiger als die Verabreichung von Medikamenten jeglicher Art, und wenn der Patient nicht essen möchte, sollte ihm zwangsweise Nahrung verabreicht werden. Damit meine ich nicht, dass dem unwilligen Tier eine große Menge Futter aufgezwungen werden sollte; Er sollte alle zwei Stunden etwa zwei Teelöffel einer kranken Nahrung zu sich nehmen, und diese sollte so abwechslungsreich wie möglich sein und so süß und köstlich gehalten sein, als ob sie für einen menschlichen Patienten bestimmt wäre. Ein rohes Ei, geschlagen mit möglichst wenig Milch; Ein wenig guter Rindfleischtee, hergestellt durch Schneiden von magerem, rohem Rindfleisch in kleine Würfel und langsames Herausziehen aller Köstlichkeiten in einem fest verschlossenen Tongefäß im Ofen, wobei pro Pfund Fleisch nur zwei Esslöffel Wasser benötigt werden hinzugefügt; Kalbsbrühe, ähnlich zubereitet; Pfeilwurz, mit ein paar Tropfen rohem Fleischsaft versetzt; Starker Hühnertee mit etwas darin gekochtem und abgeseihtem Reis – all dies kann zur Abwechslung angerufen werden. Manche Hunde fressen während der gesamten Krankheit feste Nahrung, was die Sache enorm vereinfacht. Bei Appetitlosigkeit müssen Flüssigkeiten oder Halbflüssiges verabreicht werden. Konzentrierte Nahrungsmittel und andere gesundheitsschädliche Zubereitungen sind zwar gelegentlich nützlich, schwächen den Patienten jedoch sehr schnell und machen ihn krank, und auch wenn die Verwendung solcher Mittel die Mühe erspart, haben sie hinsichtlich der Aufrechterhaltung der Kraft nicht die gleiche Wirkung wie gute, ehrliche Hausmannskost. Die Notwendigkeit einer solchen Diät und Fütterung ist bei beiden Formen der Staupe die gleiche, und der Hund darf nicht die ganze Nacht ohne Aufmerksamkeit gelassen werden, sondern muss auch dann in regelmäßigen Abständen gefüttert werden. An zweiter Stelle stehen Wärme und Gleichmäßigkeit der Temperatur. Eine kleine Flanelljacke oder ein Crossover-Jäckchen aus dickem, neuem Flanell ist so gut wie Umschläge und sollte bis weit in die Genesung hinein getragen und getragen werden, wobei es natürlich nicht zu plötzlich weggelassen werden darf. Ich sage nichts über Medikamente, tatsächliche Umschläge usw., da ein Staupepatient angesichts der Komplikationen, die bei dieser Krankheit immer auftreten können, unter fachkundiger tierärztlicher Anleitung gepflegt werden sollte. Ich betone nur das Bedürfnis nach Nahrung und Wärme.

Staupe-Patienten können bei kaltem Wetter nicht ins Freie gehen, es sei denn, sie berücksichtigen nicht das große Risiko, das sie bei einem solchen Temperaturwechsel eingehen; Sobald sich die Krankheit bemerkbar macht, ist es daher gut, den Patienten irgendwo unterzubringen, wo ein Tablett mit Erde zur Verfügung gestellt werden kann, absolute Ruhe herrscht und eine gleichmäßige Wärme aufrechterhalten werden kann, und hier der Krankheit ihren Lauf zu lassen.

Staupe-Rückfälle sind sogar noch schwerwiegender als der erste Anfall und treten häufig dann auf, wenn der Patient das Haus verlassen oder sich zu früh oder zu viel bewegen darf. Stimulanzien – Brandy und Portwein – sind dort sehr nützlich, wo die Schwäche groß ist, und Champagner wird oft niedrig gehalten, wo Wasser oder Brühe abgelehnt würden.

Die „neue" Krankheit, allgemein Stuttgarter Krankheit genannt, die in den letzten ein bis zwei Jahren bei Hundebesitzern für so viel Aufregung gesorgt hat, hat den Charakter einer Gastritis, einer Entzündung der Magenschleimhaut, die sich nach oben und unten ausbreitet erfordert in mancher Hinsicht eine ganz andere Behandlung als die Typhusform der Staupe. Darin sind sie sich einig: dass ein Teelöffel oder so eisgekühlter Champagner oder eisgekühlte Limonade und Milch manchmal dort aufbewahrt werden, wo nichts anderes hinkommt, aber bei Magenkatarrh oder Gastritis darf dem Patienten nicht erlaubt werden, Wasser zu trinken oder Wasser zuzubereiten die geringste Anstrengung.

Vielleicht wäre es angebracht, darauf hinzuweisen, was meiner Meinung nach noch nicht allen Hundebesitzern bekannt ist – nämlich die Tatsache, dass es keineswegs eine Notwendigkeit ist, ein Spielzeug oder überhaupt einen anderen Hund zu haben Staupe. Wie Scharlach beim Menschen kann Staupe im Leben eines Hundes auftreten oder auch nicht. Das Kind erkrankt an Scharlach, wenn es sich durch eine Infektion infiziert hat, und an Hundestaupe, wenn die Ansteckung ihm entweder durch eine Person übertragen wurde, die sich in der Nähe eines betroffenen Hundes aufgehalten hat, durch den Hund selbst oder durch einen Gegenstand, auf dem es sich befand Es wurden infizierte Ausscheidungen jeglicher Art abgelagert.

Das einzige Problem, das wir alle mit Ausstellungen haben, besteht darin, dass sie sicherlich die Möglichkeit bieten, die Staupe auf Menschen zu übertragen, die das Vorhandensein von Staupe in ihren Zwingern nicht als ausreichenden Grund ansehen, den Eintritt zu verweigern, und die Ansteckung mit sich tragen, obwohl die Hunde, die sie ausstellen, möglicherweise dort sind selbst davon unberührt. Ein altmodischer Rat bei Staupe, der immer gegeben wurde, war, dass zu Beginn der Krankheit eine Dosis Rizinusöl oder ein anderes Abführmittel verabreicht werden sollte. Ich zögere überhaupt nicht, zu sagen, dass Rizinusöl – für den Hund ein heftiges, reizendes Abführmittel – schon so manchen Welpen und empfindlichen Erwachsenen das Leben gekostet hat, der, wenn er nicht gerade dann so geschwächt wurde, als alle Kraftreserven am meisten gebraucht wurden, Obwohl sich das vielleicht durchgesetzt hätte, ist diese Praxis, gelinde gesagt, eine höchst fehlerhafte. Wenn die Wahrscheinlichkeit besteht, dass es im Darm zu einer Ansammlung kommt, die beseitigt werden muss, reicht reines Olivenöl aus, und zwar mehr als Rizinusöl, und verursacht weder die Schmerzen noch die daraus resultierende Verstopfung, die unvermeidlich sein wird Ergebnisse, wenn es keine schlimmeren gibt, der stärkeren und ich muss es als abscheulichen Droge bezeichnen. Ein weiterer Trugschluss ist die angebliche Zweckmäßigkeit, Augen und Nase ständig mit warmem Wasser zu waschen. Oft wird es nicht richtig abgetrocknet und es kommt zu Kältegefühlen, während die ganze Aufregung völlig unnötig ist und nichts nützt. Ein kleines Stück alten Leinenlappens kann zerrissen und die Bruchstücke zum Entfernen der Ausscheidungen verwendet und sofort verbrannt werden. Ein- oder sogar zweimal täglich kann ein mit Borsäurelotion angefeuchteter Schwamm verwendet werden, allerdings nur sehr sparsam.

Das Schlagwort bei Staupe ist, wie ich bereits sagte, Pflege – gute Pflege allein wird die meisten Hunde überstehen – und ich verzichte bewusst darauf, irgendwelche Rezepte zu geben, denn da jeder Fall je nach den Umständen und der Konstitution des Patienten unterschiedlich ist, sollte jedem ein Rezept verschrieben werden auf seine Vorzüge.

Viel zu lange haben wir uns an die grobe Faustregel gehalten, Hunde alle auf die gleiche Weise zu dosieren, ohne Rücksicht auf Eigenheiten, die bei ihnen schon immer ebenso ausgeprägt waren wie bei Menschen – Und je früher wir das alles ändern und jeden Hund nach seiner Art untersuchen, desto besser für ihn und für uns.

Hautprobleme . — Das Ärgerlichste an den Hautbeschwerden, die gelegentlich bei Spielzeughunden auftreten, ist die Schwierigkeit für den Laien, sie richtig zu diagnostizieren. Sogar Tierärzte sind in dieser Hinsicht manchmal unklar, und wenn ein Hautleiden sich nicht durch einfache Heilmittel ersetzen lässt, die keinen Schaden anrichten können, ist es gut, einen Mann zu konsultieren, der sich wirklich mit Spielzeug auskennt, und nicht irgendeinen uninteressierten und sogar ziemlich verächtlichen, Praktiker, der möglicherweise sogar eine so grausame Barbarei begeht, von der ich gehört habe, bei der Empfehlung von *Schafsdip* !

Die häufigste Form der Hauterkrankung bei erwachsenen Hunden ist das Ekzem, das zum Zwecke einer groben oder allgemeingültigen Klassifizierung in zwei Formen unterteilt werden kann: nasse und trockene. Ein nässendes Ekzem kommt äußerst selten vor, ist aber die einzige Form der Hautkrankheit, die offene Wunden und raue Oberflächen hervorruft und vergleichsweise gut gepflegte Spielzeughunde betrifft. Bei dieser, wie auch bei den trockenen, schwereren Formen des Ekzems, ist es sinnlos, durch bloße äußerliche Anwendung eine Heilung zu versuchen. Das Unheil liegt im Blut, und bis das Blut geklärt ist, bleiben die äußeren Symptome bestehen, es sei denn, es wird tatsächlich eine starke Quecksilberlotion oder -salbe verwendet, die die Krankheit tödlich auslösen kann, und indem sie die Haut reinigt und so die Haut beraubt Körper des Sicherheitsventils von äußeren Verletzungen, schließlich das Tier töten. Auf ein solches Vorgehen greifen gelegentlich skrupellose Personen zurück, deren einziger Wunsch darin besteht, ihre räudigen oder ekzematösen Hunde zu verkaufen, denn die unmittelbare Wirkung des Eincremens mit Quecksilbersalbe ist oft fast wundersam gut für das Auge. Deshalb rate ich dem Amateur, auf keinen Fall einen Hund zu kaufen, bei dem bekannt ist, dass er an einer schweren Hauterkrankung leidet. Selbst wenn die Beschwerde nicht auf die beschriebene Weise manipuliert und mit ehrlichen Methoden geheilt wurde, kann es immer wieder zum Ausbruch kommen, denn das steht in der Verfassung. Ich muss natürlich Fälle ausnehmen, in denen ein ansteckendes Ekzem von einem anderen Hund auf das Opfer übertragen wurde, aber im Umgang mit Fremden, Geschäften oder professionellen Händlern ist es am klügsten, einen Kauf zu vermeiden, bei dem eine Hauterkrankung bestand.

Einige Rassen sind sehr viel anfälliger für Hautprobleme als andere, und alle langhaarigen Hunde neigen dazu, an einfachen Ekzemen und Erythemen zu leiden, letzteres besonders in jungen Jahren; während Staupe schwerer Art oft von einer Hautkrankheit begleitet wird, die der Räude sehr ähnelt, mit der sie leider oft verwechselt wird. Es sollte einfach mit einer milden antiseptischen Salbe behandelt werden, während die konstitutionelle Schwäche im Mittelpunkt steht.

Welpen haben oft einen Ausschlag an den Zähnen, Welpenpocken genannt , der sich in einer allgemeinen Rötung der Haut zeigt, meist an den bloßen Körperstellen, unter den Vorderbeinen usw., und hier und da in Gruppen von Pusteln, von denen jede eine enthält Tropfen dünner Eiter. Dies ist eine Krankheit, die mit Windpocken bei Kindern in Zusammenhang steht und keineswegs gefährlich ist – tatsächlich hat ein Welpe, der mit einem solchen

Ausschlag zahnt, im Allgemeinen das Zeug zu einem starken und gesunden Hund. Wenn bei Welpen dieses Problem oder kahle Stellen an den Beinen und im Gesicht auftreten, sollte gleichzeitig auf die Zähne geachtet werden, da sie wahrscheinlich auf irgendeine Weise das System reizen.

Das Vorhandensein zu vieler Würmer bei Welpen geht in der Regel mit Hautproblemen in Form kahler Stellen einher, die täglich mit einem Schwamm abgerieben werden können, der in eine äußerst einfache, sichere und nützliche Lotion getaucht ist. Ich kann Ihnen nur empfehlen, sie auszuprobieren alle Formen von Hautkrankheiten, da es in keinem Fall Schaden anrichten kann, während es in vielen Fällen eine Heilung bewirkt, soweit eine äußerliche Anwendung zu bewirken vermag. Es ist als Kanofelin-Lotion bekannt, ein Phenylpräparat, das weder reizend noch in irgendeiner Weise giftig oder unangenehm für die Nase ist, sondern einen Geschmack hat, der Hunde daran hindert, es abzuschlecken; Sollten sie dies jedoch tun, wird es ihnen keinen Schaden zufügen. Nachdem die Lotion aufgetragen und mit dem Schwamm gut auf glatten, kahlen Stellen, an denen die Haut nicht verletzt ist, eingerieben wurde, sollte sie mit einem Handtuch oder Taschentuch abgewischt werden, da es nicht ratsam ist, den Hund nass zu lassen. Es sollte zweimal täglich angewendet werden und bei rissiger Haut ganz sanft mit einem weichen Schwamm, natürlich ohne Einmassieren.

Einige trockene und schuppige Hautausschläge, von denen Pityriasis am häufigsten auftritt, erfordern eine andere Behandlung. Überall dort, wo blanke Stellen am Spielzeughund schorfig aussehen und die Schuppen abfallen, verwenden Sie keine Lotion und reiben Sie sie nicht ein, sondern tupfen Sie leicht etwas Zinksalbe auf, wenn der Hund nicht dazu neigt, die Teile abzulecken; Wenn ja, verwenden Sie eine einfache, eher dünne Schwefelsalbe : Sublimierter Schwefel , 1 Unze; Vaseline , 4 Unzen . Letzteres kann auch in Fällen verwendet werden, in denen die Kanofelin- Lotion nützlich ist, und dann gut eingerieben werden ; Die Regel lautet jedoch: Kein Reiben, wenn Schuppen oder Schorf vorhanden sind. Die Kanofelin- Salbe ist in allen Fällen unbedenklich und sinnvoll. Die Anwendungen können je nach Fall sehr unterschiedlich sein, und bei starker Reizung ist es manchmal notwendig, ein komplexeres Präparat als die genannten zu verwenden. Die giftige Natur einiger Inhaltsstoffe, die in den wirksamsten enthalten sind, macht es jedoch höchst unerwünscht, sie ohne den Rat eines erfahrenen Chirurgen zu verwenden. Die folgende Creme ist eine äußerst nützliche Anwendung für Fälle, in denen die Haut nicht verletzt ist, starke Reizungen und Rötungen der Haut vorliegen und die betroffenen Teile für den Patienten entweder nicht erreichbar sind oder dieser währenddessen einen Maulkorb tragen kann Behandlung. Aufgrund der darin enthaltenen Karbolsäure und des Bleis ist es jedoch giftig: Liquor plumbi Diacet ., 4 Tr. ; Likör Carbonis Reinigungsmittel , 40 Min .; Borsäurepulver, 1 Unze; neue

Milch, auf 4 Unzen . Vor Gebrauch gut schütteln und regelmäßig mit einem Schwamm auftragen. Etikett: *Gift* .

In die Behandlung mit medizinischen Bädern, die normalerweise aus der äußerst übelriechenden Verbindung von Schwefel und Wasser bestehen – in der Fachsprache „eine geschwefelte Kalilösung" – habe ich, gestehe ich, wenig oder gar kein Vertrauen. Eine einfache Schwefelsalbe ist doppelt so wirksam, viel einfacher aufzutragen und hat keinen unangenehmen Geruch; Wenn es jedoch gut in die Haut eingerieben wird, wie es und andere Hautsalben sein sollten, und nicht im Haar verbleibt, ist es in keiner Weise unangenehm.

In allen Fällen, in denen Hautbeschwerden mit einem starken und äußerst unangenehmen Geruch einhergehen, kann der Verdacht auf Räude (follikuläre Räude oder, häufiger, Räude, Sarkoptes) bestehen. Letzteres ist leichter zu heilen als viele Formen von Ekzemen, aber es ist absolut notwendig, den Patienten mehrere Tage lang in einem Verband aus süßem Öl und Schwefel zu ersticken , als den es nichts Besseres gibt, und ihn dann zu waschen und erneut anzuziehen; Solche Fälle eignen sich nicht für die Behandlung zu Hause, obwohl es keinem Tierarzt gestattet sein sollte, starke Verbände wie Paraffin , Quecksilbersalbe oder Teer (ansonsten Kreosot) auf empfindliches Spielzeug aufzutragen. In allen Fällen handelt es sich bei Quecksilberverbänden um starkes Gift, da die Aufnahme des Medikaments in den Organismus fatale Folgen für die Zukunft haben kann.

Die Follikelräude , bei der sich das lästige Insekt tief eingräbt, ist eine schreckliche Krankheit, ungefähr die schlimmste, die ein Hund haben kann, und hier kann auf kompetente tierärztliche Hilfe nicht verzichtet werden. Für den Amateur ist es jedoch sicher, in allen Fällen beginnender Hautprobleme, in denen kein Geruch vorhanden ist und sich die bloßen Stellen nicht schnell ausbreiten, je nach Zustand der Haut eine Phenyllotion oder Schwefel- oder Kanofelin -Salbe zu verwenden die wichtigere innere Behandlung mit einer kompletten Ernährungsumstellung zu beginnen.

Eine sehr trockene oder eingeschränkte Ernährung, bestimmte Mahlzeiten, wie Haferflocken oder Maismehl, entweder in Keksen oder auf andere Weise; zu wenig Essen; seltener zu viel; Fehlen oder zu wenig Fleisch in der Ernährung; wie zuvor, aber sehr selten zu viel – das alles sind Anreize für Hautprobleme, während die Vererbung viel über die Tendenz dazu aussagt.

Ein Hund, der nicht viel Fleisch gegessen hat, sich aber hauptsächlich mit Hundekuchen ernährt hat, kann bei Auftreten von Hautreizungen reichlich gutes, nicht durchgegartes Fleisch bekommen – gebratenes Hammelfleisch, Schafskopf und Ochsenherz, alles sehr sehr geeignet. In keinem Fall einer Hauterkrankung sollten Haferflocken oder Mais gegeben werden; und Seeluft sollte vermieden werden, da sie Hautprobleme immer verschlimmert.

Kutteln sind nahrhaft und sehr bekömmlich, und frischer Fisch schmeckt den meisten Kranken sehr gut. Zusammen mit der gesamten Ernährungsumstellung – die Essenszeiten müssen natürlich nicht geändert werden – ist eine Kur mit Eisen und Lebertran immer einen Versuch wert. Persönlich vertraue ich auf die folgende Methode, von der ich weiß, dass sie in schwierigen Fällen am erfolgreichsten ist und die, wie ich von den anderen in diesem kleinen Buch empfohlenen Mitteln sagen kann, keinen Schaden anrichten kann. Starke Medikamente stellen in unerfahrenen Händen oft eine Gefahrenquelle dar und viele der empfohlenen Medikamente sind sozusagen äußerst spekulativ.

Besorgen Sie sich dann eine Flasche Lebertran und Malz sowie 30 ml – oder mehr, wenn Sie möchten – verzuckertes Eisenkarbonat. Mischen Sie in das Abendessen Ihres Haustiers zunächst gut bedeckt mit besonders schmackhaftem, zerkleinertem Fleisch einen knappen halben Teelöffel der Lösung mit etwas Eisenpulver, einem süßen Pulver. Fast alle Hunde vertragen es ohne Probleme und erfreuen sich bald großer Beliebtheit, auch wenn sie zunächst etwas dagegen haben; Sie dürfen jedoch die in die Mahlzeit eingebrachte Dosis nicht sehen. Lassen Sie sie denken, dass es sich um einen Unfall oder zumindest um einen natürlichen Lauf der Dinge handelt, und sie werden viel weniger wahrscheinlich Einwände erheben, als wenn sie sehen, wie Sie eine Parade aus Mischen und Abdecken machen. Die zweimal täglich verabreichte Dosis zum Mittag- und Abendessen mit Fleisch sollte schrittweise erhöht werden, bis ein Hund 2,7 kg wiegt. nimmt zweimal täglich einen vollen Teelöffel der Lösung ein, mit 3 g. Eisen zu jeder Dosis; Und Geduld ist nötig, denn um etwas zu bewirken, muss diese Dosierung mindestens einen Monat lang erfolgen. Anschließend kann die Behandlung nach und nach unterbrochen und bei Bedarf wieder aufgenommen werden. In hartnäckigen Fällen von Hautkrankheiten ist Arsen ein äußerst wertvolles Mittel und kann mit der größten Wirkung mit dem gerade beschriebenen System aus Lebertran, Malzextrakt und verzuckertem kohlensaurem Eisen kombiniert werden. Die allgemein empfohlene Fowler-Lösung sollte nicht verwendet werden, da sie Lavendelöl enthält, das für Hunde sehr anstößig ist und sie krank macht; Es sollte die Lösung des britischen Arzneibuchs verwendet werden. Die Dosis reicht von einem Tropfen zweimal täglich und kann bei Spielzeug schrittweise auf bis zu vier Tropfen zweimal täglich erhöht werden. Am besten besorgen Sie sich die BP-Lösung in der Apotheke und mischen sie mit so viel destilliertem Wasser, dass sich in jedem Teelöffel vier Tropfen befinden. Dies kann mit Eisen und ohne Lebertran oder mit Lebertran ohne Eisen oder allein in der Nahrung verabreicht werden – es ist geschmacksneutral –, aber in Kombination mit beiden ist es weitaus besser. Herr Appleby, Argyle Street, Bath, stellt Eisen und Arsen in einer sehr einfach zu verwendenden Form zusammen, die als „ Kanofelin-Blutmischung" bekannt ist. Diese, meine eigene Formel, empfehle ich im

Allgemeinen meinen Lesern, deren Hunde dies nicht tun oder können nehmen Sie Lebertran; er stellt *unter anderem auch* die Wurmkapseln nach meinem Rezept wie erwähnt für den Gebrauch von Spielzeughundebesitzern her; Und manchmal ist es von Vorteil, seine Medikamente fertig zu haben .

Arsen ist eine sogenannte kumulative Droge; Es erzeugt keinen besonderen Effekt, bis ein gutes Geschäft im System gespeichert ist. Wenn genug gegeben wurde, rebelliert das besagte System, und wenn nun die Augen des Hundes anfangen, wässrig auszusehen und die Schleimhaut im Maul etwas gerötet ist, haben Sie genug gegeben und müssen damit aufhören; eine Zeit lang nur, wenn die Krankheit nicht unterdrückt wird – wenn überhaupt, dauerhaft. Ein letztes Wort: Arsen ist das *schlechteste Mittel* und sollte nicht eingesetzt werden, bis andere Mittel versagt haben, wohingegen manche Leute zu Arsen greifen, wenn eine viel einfachere Behandlung alles Notwendige getan hätte.

Eine weitere Hauterkrankung, die weitaus häufiger vorkommt als allgemein angenommen, ist die Ringelflechte. Ich habe oft gesehen, dass dies als Ekzem diagnostiziert wurde, obwohl es wirklich sehr leicht ist, seine wahre Natur zu erkennen, da es sehr ausgeprägte Merkmale aufweist.

Es beginnt mit winzigen, runden, kahlen Flecken, etwa so groß wie ein Stecknadelkopf, die normalerweise zunächst unbemerkt bleiben, sich aber nach und nach an den Rändern ausbreiten, nicht immer in kreisförmiger Form, sondern manchmal als unregelmäßige Flecken, wobei die Haut zum Vorschein kommt gräulich, aber nicht ungesund. Bei genauem Hinsehen erkennt man, dass die Haare kurz und knapp unter der Haut abgebrochen sind, aber deutlich sichtbar sind, was das Hauptmerkmal der Krankheit und das untrügliche Zeichen ist. Der Ringelflechte kann jederzeit gefangen werden, am häufigsten bei einem Besuch in einem befallenen Stall, gelegentlich aber auch durch eine zufällige Ansteckung auf der Straße. Pferde sind von der gleichen Form der Beschwerde betroffen, und Hunde stecken sich im Allgemeinen bei ihnen an. Es kommt sporadisch vor und die Sporen können natürlich überall von einem infizierten Pferd oder einem anderen Hund übertragen werden. Es ist in seinen Anfängen äußerst kapriziös; Hunde im selben Haus können sich gegenseitig anstecken oder auch nicht, und manchmal wird ein ganzer Zwinger infiziert, mit Ausnahme von ein oder zwei Hunden, die offenbar immun sind. Es gibt jedoch keine Entschuldigung dafür, die Ausbreitung zuzulassen, da sie leicht zu heilen ist. Etwas der stärksten erhältlichen Jodtinktur sollte gut in die Stelle eingeweicht werden und die Ränder abrunden, indem man ein kleines Wattebausch am Ende eines winzigen Stäbchens oder eines Ohrschwamms befestigt und das Jod etwas einreibt mit diesem. Im Allgemeinen töten zwei Anwendungen die Sporen ab – es handelt sich um einen parasitären Pilz – und sollten im Abstand von einigen Tagen erfolgen. Nach einiger Zeit können frische

Flecken auftreten, die umgehend ausgebessert werden sollten. Schnauze, Beine und Brust sind im Allgemeinen am stärksten betroffen. Lässt man die Beschwerden ganz in Ruhe, wird der Hund furchtbar entstellt, stirbt aber nach einiger Zeit von selbst ab. Ich habe nicht festgestellt, dass menschliche Probanden durch den Hund mit dieser Krankheit infiziert wurden. Um die vollständige Heilung zu beschleunigen, kann man ein- oder zweimal ein wenig Jodkaliumsalbe auf die Flecken auftragen oder sie mit der Phenyllotion waschen, deren Verhältnis 1 zu 40 beträgt. Die Haare werden geschwächt und nehmen etwas ab Zeit, wieder richtig zu wachsen, aber die Krankheit ist keineswegs ernst und es ist nicht notwendig, stärkere und gefährliche Mittel wie Karbolsäure zu verwenden, wie manchmal vorgeschlagen.

Erythem, eine allgemeine Rötung und ein Ausschlag, der am häufigsten an der Innenseite der Oberschenkel und manchmal auch an den am wenigsten behaarten Stellen eines Hundes auftritt, ist so ziemlich die einzige Hautkrankheit – abgesehen von der merkwürdigen und seltenen Erkrankung „versteckt" – Hunde leiden sehr selten daran und sind häufig auf Überfütterung zurückzuführen. Am besten lässt sich dies durch eine Ernährungsumstellung, *kleine* nahrhafte Fleischmahlzeiten und den Verzicht auf Erhitzen, mehlhaltige Substanzen, Milch oder fetthaltige Lebensmittel jeglicher Art behandeln. Eine kleine Dosis Sulfatmagnesia zweimal pro Woche in der Nahrung – so viel, wie (nicht gehäuft) auf Sixpence für ein 6 Pfund schweres Gericht ausreicht. Hund – reicht oft als Medizin aus. Bewegungsmangel ist eine häufige Ursache für Hautkrankheiten. Hunde, die nicht ausreichend trainiert werden oder zu lange in heißen Räumen gehalten werden, haben eine inaktive Leber, was zu allen möglichen Übeln führt.

Ich habe noch nie einen einzigen Fall von „Verstecken" bei einem Haushund gesehen, und das nicht bei einem Spielzeug. Die Haut war verdickt und hart. Obwohl die Beschwerde wegen ihrer Seltenheit interessant ist, macht es diese glückliche Eigenschaft für mich unnötig, auf die Frage einzugehen – ein Tierarzt muss einen solchen Fall behandeln.

Die Ohren. — Die Ohren von Zwerghunden sind oft der Sitz einer leichten Verstopfung, die keine besondere Ursache hat, aber bei manchen Individuen häufiger vorkommt als bei anderen und im Allgemeinen in Abständen bei den Personen auftritt, die sie schon einmal hatten. Bei frühzeitiger Einnahme ist die Heilung eines Anfalls sehr einfach; aber wenn es vernachlässigt wird, kann sich der verstopfte Zustand verschlimmern und in einer Entzündung des Mittelohrs, einer Mittelohrentzündung und dem Schreckgespenst „Krebs" gipfeln, von dem wir so viel hören und der wirklich äußerst selten ist. Es gibt viele Stadien des Problems, angefangen bei der leicht heißen und roten Ohrmuschel, die den Hund dazu veranlasst, zwei Krallen in den Durchgang zu stecken und zu kratzen, und manchmal gelingt es ihm, dadurch eine wunde Stelle zu schaffen, bis hin zu den Phasen des Reibens

Seite des Kopfes auf dem Teppich oder Boden, Stöhnen und heftiges Schütteln des Kopfes und andere Manifestationen von Schmerzen, bis hin zum Vorhandensein eines echten Krebsgeschwürs, wenn äußerlich viel Schmerz und Rötung auftritt, mit Schwellung des Gehörgangs oder der Passage, a Reichlicher und sehr dunkelbrauner Ausfluss und ein sehr unangenehmer Geruch .

Ein „schlechtes Ohr" hat immer einen leichten, charakteristischen Geruch, den jeder erfahrene Mensch sofort erkennen kann, oft bevor andere Anzeichen einer Störung erkennbar sind. Einige Hunde – die meisten davon – müssen in dieser Hinsicht beobachtet werden. Sobald man sieht, dass das Spielzeug am Kopf ein wenig einseitig ist oder die Neigung zeigt, sich am Ohr zu kratzen, sollte ein kleiner Klumpen Borsalbe in den Gehörgang gegeben, mit dem kleinen Finger hineingedrückt und so lange bearbeitet werden es verschmilzt im Durchgang und in den Windungen. Am nächsten Tag kann das Ohr mit der Spitze des kleinen Fingers, bedeckt mit einem sehr weichen Taschentuch, gereinigt und die Salbe erneut verwendet werden, was in leichten Fällen eine Heilung bewirken wird. Versuchen Sie niemals , einem Hund ein hartes oder überhaupt ein anderes Instrument als die weiche Geschmeidigkeit eines Tastfingers ins Ohr zu stecken.

Wenn das Problem schon länger besteht und viel brauner Ausfluss vorhanden ist, muss eine Lotion verwendet werden. Verwenden Sie zunächst die Salbe wie beschrieben und entfernen Sie auf diese Weise so viel wie möglich von dem aufgeweichten Ausfluss. Gehen Sie dabei natürlich äußerst vorsichtig vor, da es sich hierbei bestenfalls um sehr empfindliche Stellen handelt. Nehmen Sie dann folgende Lotion: Warmes Wasser, ½ Pkt.; Goulards Bleiextrakt, 1 Esslöffel; pulverisierte Borsäure, ½ Dr. Zuerst wird das Borsäurepulver in das Wasser gegeben, danach der Goulard , und das Ganze darf auf keinen Fall anders als schön warm verwendet werden, da es sonst Schmerzen verursacht. Selbstverständlich kann die Flasche auch sofort befüllt und bei Bedarf etwas vom Inhalt erwärmt werden, um sie zu verwenden. Legen Sie den Patienten auf die gesunde Seite, mit dem geschädigten Ohr nach oben, und bitten Sie jemanden, ihn festzuhalten. Anschließend etwa einen halben bis einen Teelöffel der warmen Lotion vorsichtig in das Ohr gießen und von außen einarbeiten. Lassen Sie ihn drei oder fünf Minuten lang still liegen, dann lassen Sie ihn los und fliegen! Denn wenn du nicht vorsichtig bist, wird er die überschüssige Lotion über dich verteilen. Im Allgemeinen folgt ein heftiges remonstrantes Herumpflügen, aber die Anwendung verursacht keine wirklichen Schmerzen und heilt bald, wenn sie beharrlich durchgeführt wird – etwa eine Woche lang zweimal täglich. Solche schrecklichen und fast, wenn nicht ganz unheilbaren Fälle, wie man sie manchmal bei Sporthunden findet, bei denen die Ohren völlig erkrankt sind, weil sie zunächst nass und schmutzig geworden sind und anschließend vernachlässigt wurden, sind, das kann ich mit Freude sagen , unbekannt unter gepflegten Spielzeugen.

Menschen sind manchmal beunruhigt, weil die Ohren ihrer Welpen nicht aufrecht stehen, wie sie sollten, oder in alle Richtungen zeigen, außer in die richtige Richtung, wenn sie nach unten fallen sollten. Dies kommt beim Zahnen recht häufig vor und wird im Allgemeinen später ganz gut passieren. Wenn dies nicht der Fall ist, ist keine aktive Abhilfe – eine Operation – zulässig, wenn der Hund zur Schau gestellt werden soll, aber es kann viel erreicht werden, indem man die Ohren ölt und sie durch Massage ständig in die gewünschte Richtung manipuliert Bei jungen Welpen wird ein zwei- oder dreifach dickes Pferdebein-Verbandspflaster, das so zugeschnitten ist, dass es an die Innenseite und die Spitze des Ohrs passt, entweder, wenn es durch Erwärmen eingeklebt wird, dazu beitragen, dass sich das Ohr je nach Wunsch senkt oder aufrichtet. Das ist eine legitime „Fälschung", darf ich anmerken. Aber natürlich darf das Verfahren nicht mit dem Gedanken der Täuschung eingesetzt werden, obwohl es zulässig ist, der Natur auf dem Weg zu helfen, den sie gehen sollte.

Die Augen. — Das Auge des Hundes ist eine noch empfindlichere Struktur als das Ohr, und bei allen, außer den einfachsten Beschwerden, sollte nur erfahrener Chirurg daran herankommen. Dazu gehört die einfache katarrhalische Ophthalmie, deren Symptome eine Rötung der Lidschleimhäute und ein grünlicher Ausfluss sind, der später braun und trocken wird, was auf Kälte und Konstitutionsschwäche zurückzuführen ist. Das Opfer muss bei gleichmäßiger Temperatur gehalten werden, es darf nicht am Feuer liegen oder hineinschauen oder bei Wind, heißem Sonnenschein oder Kälte ins Freie gehen, und es muss gut mit nahrhaftem Fleisch usw. ernährt werden leichte, bekömmliche Kost. Der Ausfluss sollte morgens und abends mit einem Schwamm, der in eine warme Borsäurelotion getaucht ist, von den Augen abgewischt werden. Die richtige Stärke kann Ihnen jeder Apotheker liefern. und unmittelbar danach sollte mit einer Kamelhaarbürste vorsichtig ein wenig gelbe Quecksilberoxidsalbe, etwa so groß wie eine kleine Erbse, unter das Lid des betroffenen Auges aufgetragen werden. Akzeptieren Sie auf keinen Fall „ goldene Salbe", wenn der Apotheker Ihnen (glaube ich) dieses altmodische Mittel gegen Gerstenkörner anbietet! Sie besteht aus *rotem* Quecksilberoxid und ist sehr viel stärker als die gelbe Quecksilberoxidsalbe, die übrigens in einer Stärke von 2 Gramm hergestellt werden sollte. auf die Unze. Diese letztere Salbe kann auch verwendet werden, wenn nach Staupe ein bläulicher Film im Auge zurückbleibt. Amaurose ist beim Hund keine Seltenheit . Die Augen sehen vollkommen richtig aus, aber der Hund ist blind. Dies kann eine erbliche Erkrankung sein, manchmal entsteht sie aber auch schlicht und einfach als Folge einer Schwäche. Eisenstärkungsmittel, Lebertran, Nux vomica usw.

können verabreicht werden und erweisen sich manchmal als wirksam. Gutes Leben ist unerlässlich. Diese Fälle werden gelegentlich recht plötzlich geheilt, sind aber in der Regel unheilbar.

Eine einfache Erkältung in den Augen – oder häufiger nur in einem – ist eine ganz normale Erkrankung, die jedoch sowohl für den Betroffenen als auch für den Besitzer belastend ist. Das betroffene Auge tränen mehr oder weniger stark und bleiben teilweise geschlossen. Im Inneren zeigt sich das gleiche Erscheinungsbild wie bei einer katarrhalischen Ophthalmie, jedoch in geringerem Ausmaß, und es kann zu Fieber und Konstitutionsstörungen kommen. In diesem Fall muss der Patient wegen Schnupfen oder „Erkältung" behandelt werden. Eine Lotion mit Borsäure und Mohn ist das schnellste Heilmittel gegen Erkältungen in den Augen und ist auch bei Augenbeschwerden nützlich. Es lindert den Schmerz erheblich und lässt sich am besten mit einer kleinen Gummiballspritze auftragen . Auf keinen Fall darf eine Spritze mit Knochen-, Glas- oder Vulkanitspitze verwendet werden: Die Gummidüse ist weich, und aus ihr lassen sich problemlos ein oder zwei Tropfen zwischen die Augenlider tropfen. Der Widerstand des Patienten richtet sich nach der Schwere der Entzündung, und wenn diese nachlässt , wird er die Operation mit Gelassenheit ertragen. Um die Lotion zu Hause herzustellen, kaufen Sie in der Apotheke einen Mohnkopf, der etwa einen halben Penny kostet, und kochen Sie ihn eine Stunde oder länger in einem halben halben Liter Wasser und geben Sie ihn hinzu, während er verdunstet. Wenn das Wasser eine Sherryfarbe hat , lösen Sie 10 g Wasser auf. Etwas Borsäurepulver in jede Flüssigunze geben, abkühlen lassen und so oft wie möglich verwenden – einmal pro Stunde, während die Verstopfung der Augenlidmembran aktiv ist.

Wunde Füße. — Ekzeme oder kleine Beulen zwischen den Zehen und rund um die Taukralle an den Vorderbeinen sind ein Problem, das manche Hunde befällt. Eine konstitutionelle Behandlung, wie sie bei Ekzemen vorgeschrieben ist, ist notwendig, und da der Hund die Wunden ununterbrochen durch Lecken reizt, sollten sie mit Zink- oder Ichthyolpulver bestäubt und dann verbunden oder mit Socken versehen werden. Wenn ein Hund ständig an seiner Taukralle leckt , schauen Sie sich die Kralle an, um sicherzustellen, dass sie nicht einwächst. In diesem Fall muss sie eher kurz geschnitten werden, am besten von einem Tierarzt, und die Wunde versorgt werden. Taukrallen an den Hinterbeinen sollten immer im Welpenalter von einem Tierarzt entfernt werden.

Erkältungen und Husten. — Erkältungen oder Schnupfen befallen Hunde wie Menschen, allerdings in geringerem Ausmaß. Bei einer Erkältung in der Brust braucht man einen Flanell-Umschlag, manchmal einen heißen Leinsamen-Umschlag (bei der Behandlung von Hunden ist es viel besser, wenn möglich einen trockenen Umschlag zu verwenden, der den Hund nach dem Entfernen nicht durchnässt) oder ein Senfblatt . Das Einreiben mit weißem Vaselineöl und zehn Tropfen Terpentin pro Unze ist bei kräftiger Anwendung bei Erkältungen ebenso wirksam wie bei Rheuma. Jeder weiß, was eine Erkältung ist, und die Erkältung des Spielzeughundes sollte wie die eigene behandelt werden. Es sollte das Fieberthermometer verwendet werden, und wenn die Temperatur 100 °C übersteigt, eine 5-Gramm-Tablette. Salpetersäure sollte alle vier Stunden gegeben werden, bis der Zustand wieder normal ist, oder, wenn er auf diese Weise nicht gesenkt werden kann, ½ Gramm gegeben werden. Chininsulfat und 1 gr. von Phenacetin, unter Verwendung der Boulevardzeitungen und deren Aufteilung nach Wunsch. Die Kraft muss gut erhalten bleiben. *Husten* – das hohle, tiefe Husten des Hundes – ist für den Hörer eine schmerzhafte Prüfung. Sie klingen schrecklich, sind aber selten von großer Bedeutung. Wenn Sie erkältet sind, tragen Sie drei- bis viermal täglich etwas Vaseline oder Glyzerin auf die Nase auf. Es wird abgeleckt und verschafft Linderung, während manche Hunde Glycerinpastillen fressen , wenn diese nicht mit Zitrone aromatisiert sind . Vaseline wiederum ist ein hervorragendes Mittel gegen pfeifende Atemgeräusche in den Bronchien, wie sie besonders bei Möpsen auftreten, und wird immer eingenommen, wenn man sie auf die Nase aufträgt. Creme wirkt auch beruhigend, und wo bleibt der Hund, der sie nicht mag?

der Brust . — Der am schlimmsten klingende Husten ist oft der unwichtigste und kann ohne Behandlung innerhalb weniger Tage verschwinden, aber ein Bronchialrasseln im Hals erfordert Behandlung. Bronchitis bei Zwerghunden muss genauso behandelt werden wie bei Kindern, und selbstverständlich darf der Hund nicht rausgehen, bis das akute Stadium überstanden ist. Die meisten sauberen Hunde gehen in eine Kiste mit Erde im Keller. Ein Bronchitis-Wasserkocher muss im Zimmer in Betrieb gehalten werden, und der Patient braucht eine gesundheitsschädliche Diät und viel Streicheleinheiten und Vergnügen, um die langweiligen Stunden des Unbehagens zu überstehen. Hunde leiden wie Menschen an einer Lungenstauung, Rippenfellentzündung oder Lungenentzündung und benötigen die gleiche sorgfältige Pflege. Medikamente sind in solchen Fällen meist unnötig, da sie den Patienten beunruhigen und wenig Gutes bewirken können. Der Tierarzt kann eine milde Fiebermischung verschreiben, die immer dann gerufen werden sollte, wenn Atemprobleme auftreten. Trägheit , Abgeschlagenheit, Frösteln und hohes Fieber – hier ist unbedingt das Fieberthermometer gefragt – sowie Atembeschwerden sind Symptome von höchster Bedeutung, bei denen sofort fachkundige Hilfe gerufen werden sollte. Der Amateur kann diese Lungen- und Brustprobleme nicht diagnostizieren.

Magenhusten . — Manchmal hört man sehr schrecklichen Husten, der ausschließlich aus dem Magen kommt. Bei diesen kann eine kleine Kur gegen Verdauungsbeschwerden oft Wunder bewirken. Oder Husten *kann auch* durch eine Fischgräte oder etwas Ähnliches im Hals verursacht werden, obwohl dies bei Hunden die seltenste aller Ursachen ist, da er eine äußerst gewaltige Speiseröhre besitzt, die in keinem Verhältnis zu seiner Größe steht.

Zittern. — Zittern ist ein schlechter Trick, den sich manche Hunde aneignen, andere haben es von Natur aus. Wenn es nicht von einer hohen Temperatur begleitet wird, bedeutet es im Allgemeinen überhaupt nichts, es sei denn, es handelt sich um Nerven. Aber abgesehen von der Behandlung durch Weir Mitchell kann ich mir vorstellen, dass letzteren nichts mehr nützt als eine sanfte Beschimpfung mit der Ermahnung, „nicht so albern zu sein".

Hysterie. — Es gibt ganz sicher hysterische Hunde, und ihr Temperament ist das des gewöhnlichen Zitterers, obwohl sehr dünnhäutige Spielzeuge manchmal wirklich vor Kälte zittern. Ein hysterischer Hund bellt bei der geringsten Störung völlig außer Atem und schreit genauso wie sein Urmensch. Die Natur lässt sich nicht ändern, aber ein Tonikum tut manchmal gut. Erregbarkeit und Nervosität sind charakteristisch für einige Rassen. Pommersche sind vielleicht die erregbarsten kleinen Hunde, Möpse sicherlich am wenigsten.

Fettleibigkeit. — Extreme Fettleibigkeit kann beim Hund wie beim Menschen eine Krankheit sein, und in diesem Fall ist es grausam, dem armen Geschöpf systematisches Überfressen vorzuwerfen, wie es jedermanns Impuls ist. Die Bromide und Jodide sind nützlich, können aber nicht willkürlich verschrieben werden. Es kann auch mit Schilddrüsentabletten versucht werden, beginnend mit einer einmal täglich und schrittweise bis zu drei täglich, je nach Größe des Hundes. Ihre Wirkung auf die Verdauung ist nicht immer positiv, so dass der Hund überwacht werden muss, um dem Besitzer zu versichern, dass er sie verträgt.

Gift. — Keine Krankheit, aber ein Thema, das ein paar Worte bedarf, ist die Giftaufnahme durch Spielzeughunde. Unglücklicherweise besteht in einer Stadt immer die Gefahr, nicht nur durch den mutwilligen Giftmischer, den es offenbar gibt, sondern auch durch den Verzehr von vergiftetem Fleisch oder Brot und Butter, die für Ratten oder Käfer bestimmt und anschließend weggeworfen werden. In neunundneunzig von hundert Fällen hatte ein vergifteter Hund Strychnin, die Lieblingsdroge aller, die überhaupt Gift anwenden. Arsen ist zu langsam und von anderen Giften, der Vorsehung sei Dank! Die Vulgären haben meist kein Wissen. Die Symptome einer Strychninvergiftung sind zunächst Aufregung – der Patient rennt umher und bellt mit einem eigenartigen schrillen Schrei. Abhängig von der Menge des aufgenommenen Giftes und der Menge der Nahrung, die sich zu diesem

Zeitpunkt im Magen befindet, dauert dieses Stadium länger oder kürzer. Kurz nach einer guten Mahlzeit eingenommen, scheint die Wirkung des Giftes weniger schnell zu wirken als bei leerem Magen. Bald darauf kommen Krämpfe und ständiges Schreien; dann ragen die Gliedmaßen hervor und sind vollkommen steif und starr. Selbst in diesem Stadium kann der Hund oft gerettet werden, wenn die Mittel zur Verfügung stehen. Seien Sie nie ohne eine Flasche Chloralsirup im Haus; es bleibt auf unbestimmte Zeit erhalten. Machen Sie zuerst den Hund krank. Verwenden Sie Zinksulfat in Wasser oder schwachen Senf und warmes Wasser und geben Sie reichlich davon. Der beste Weg besteht darin, es in ein Fläschchen zu geben und es über einen Unterlippenbeutel, der aus den Zähnen im Mundwinkel herausgezogen wird, durch den Hals laufen zu lassen. Sobald der Patient krank ist, geben Sie ihm einen Teelöffel Chloralsirup in Wasser. Dies ist das Gegenmittel gegen Strychnin. Wenn Sie es nicht abwarten können, den Patienten krank zu machen, geben Sie das Chloral sofort – aber geben Sie es: Die Dosis kann alle zwei Stunden wiederholt werden, bis die Krämpfe aufhören. Für einen kleinen Welpen oder Hund unter 5 Pfund. die Dosis kann halbiert werden. Die Genesung von Strychnin erfolgt sehr schnell und es hinterlässt in der Regel keine negativen Auswirkungen, obwohl die weitverbreitete und irrige Annahme besteht, dass es sich anschließend auf die Nieren auswirkt.

Bei allen anderen Arten giftiger Hunde ist es wahrscheinlich, dass sie als Reizstoffe arbeiten oder eingesetzt werden, und diese müssen tierärztlich diagnostiziert werden. Ich möchte an dieser Stelle anmerken, dass Salz ein so starkes und reizendes Abführmittel für den Hund ist, dass es einem Gift gleichkommt und die Wirkung von Rizinusöl auf seinen Darm nicht so weit zurückliegt. Eine ständige Einnahme von Medikamenten ist bei Hunden ebenso zu vermeiden wie bei ihren Besitzern, und ich kann die dumme Praxis – dumm oder noch schlimmer –, Dosen Rizinusöl nach Ausstellungen oder als sogenannte Prophylaxe – Vorbeugung gegen Krankheiten – zu verabreichen, nicht stark genug ablehnen . Wenn ein Hund auf einer Ausstellung stark eingeschränkt wurde und es daher wahrscheinlich ist, dass er sich unregelmäßig verhält, kann ein wenig reines Olivenöl zu seinem Abendessen (nicht das Nussöl, das von Lebensmittelhändlern oft als Olivenöl verkauft wird) keinen Schaden anrichten, obwohl ein Abendessen von … Haferbrei oder gekochte Schafsleber wären viel sinnvoller und wirken besser; Wenn es ihm gut geht und er munter ist, lassen Sie ihn in Ruhe. Manche Leute gehen tatsächlich so weit, ihren Welpen in regelmäßigen Abständen Rizinusöl zu verabreichen , und zwar aus keinem Grund, den ich nachvollziehen kann, abgesehen von der vagen Vorstellung, dass es „das System reinigt". Das gilt auch für die Kraft und die gesunde Schleimsekretion des Darms, ohne die die natürlichen Funktionen nicht ordnungsgemäß ausgeführt werden können. Ein weiteres Arzneimittel, das kleinen Hunden niemals verabreicht werden sollte, ist Sanddornsirup oder Cascara sagrada, da er viel zu irritierend und schwerwiegend ist. Wenn wir unter den Medikamenten so ausgezeichnete Reinigungsmittel wie Olivenöl, Magnesia und Rhabarber und unter den Fleischsorten gekochte Schafsleber haben, brauchen wir keine halbgiftigen, reizenden und heftigen Drogen wie Rizinusöl, die am Ende genau den Zustand hervorrufen, in dem sie waren soll heilen und durch die Zerstörung des Systems der Krankheit Tür und Tor öffnen.

Passt. — Von diesen sind epileptische Anfälle die gefährlichsten und bei weitem die seltensten. Ein Hund, der an Epilepsie leidet, ist nach dem gegenwärtigen Stand der hundemedizinischen Wissenschaft praktisch unheilbar. Später könnten die Röntgenstrahlen vielleicht bei Hunden wie auch beim Menschen nutzbringend für diese Krankheit eingesetzt werden. In einem populären Handbuch ist es kaum notwendig, weiter auf das Thema einzugehen, als zu sagen, dass Epilepsie nicht vermutet werden muss, es sei denn, die Krampfanfälle treten mehr oder weniger wiederkehrend auf und sind so häufig, dass sie das Tier erschöpfen. Erst wenn wir eine Behandlung ausprobiert haben, die ein Amateur sicher durchführen kann und die völlig ausreicht, um gewöhnliche Zahn- oder Sauganfälle zu heilen, die nur auf eine Reflexreizung des Gehirns zurückzuführen sind, und festgestellt haben, dass sie versagt, müssen wir uns vor Epilepsie fürchten; Und wenn wir es aus irgendeinem Grund befürchten, ist eine kompetente Beratung und Diagnose unbedingt erforderlich, da der Fall individuell betrachtet und behandelt werden muss.

Sauganfälle kommen bei kleinen, gut organisierten und sensiblen Hündinnen überaus häufig vor. Sie beginnen im Allgemeinen etwa am Ende der zweiten Woche beim Säugen von Welpen und scheinen in keiner Weise durch Überlastung verursacht zu sein; Das heißt, dass eine kleine Hündin, die fünf Welpen säugt, nicht häufiger unter diesen Anfällen leidet als eine, die nur eine Zahnspange großzieht. Ihre genaue Ursache lässt sich nur schwer ermitteln, da sie bei sehr gesunden, gut ernährten Tieren häufig mit Tieren gemeinsam ist, die aufgrund von Unterernährung (was in diesem Fall gleichbedeutend ist mit fleischloser Ernährung) oder einer Zwingerhaltung geschwächt und elend sind Leben.

Was auch immer die Ursache ist, die Symptome sind immer leicht zu erkennen . Die Hündin verliert zunächst das Interesse an ihrem Wurf, obwohl ihre Milchmenge selten, wenn überhaupt, abnimmt. Sie zuckt und ihre Augen wirken trüb und filmisch oder glasig und starr. Sie wandert ruhelos umher und hechelt manchmal genauso, wie damals, als sie auf ihre Niederkunft wartete. Jetzt ist es an der Zeit einzugreifen und einen Teelöffel Chloralsirup mit der gleichen Menge Wasser zu verabreichen. Geschieht dies nicht, schreitet der Anfall in taumelndes, kreischendes und mehr oder weniger heftiges Zucken voran. Die Gabe von Chloral bewirkt im

Allgemeinen ein allmähliches Abklingen der Beschwerden; Sollte sich der Patient jedoch innerhalb von zwei Stunden nicht bessern, wiederholen Sie die Dosis und geben Sie ihm 5 Gramm Kaliumbromid. Zwei- bis dreimal täglich unmittelbar nach dem Essen verabreichte Dosen reichen ihr nicht aus, sie muss weiterhin Chloral einnehmen.

Weder Chloral noch Bromid beeinflussen die Milch; Wenn etwas davon hineingelangt, ist die Menge so gering, dass sie für die Welpen keinen Unterschied macht. Es ist überhaupt nicht notwendig, die Hündin aus ihrem Wurf zu nehmen; Tatsächlich ist es besser, sie weiter füttern zu lassen. Manche werden ihre Babys zurücklassen wollen, und diese sollten zu ihnen gebracht und bei ihnen eingeschlossen werden, viermal am Tag und in der Nacht. Wenn sie gut ernährt ist, schadet es der Hündin nie, ihre Familie großzuziehen, und es wäre sehr schade, wenn die Welpen verloren gehen würden, wenn es nicht notwendig ist. Aber es ist äußerst wichtig, dass sie in einem Zustand der Überernährung gehalten wird – das heißt, dass sie so viel gutes, nicht durchgegartes Fleisch zu sich nimmt, wie sie verdauen kann. Bromide sinken und außerdem erfordert der Zustand der Nerven eine möglichst hohe Ernährung. Es kann teuer sein, eine „fitte" Hündin viermal am Tag mit gutem Rindersteak oder gebratenem Hammelfleisch zu füttern und ihr als Letztes am Abend einen Biskuitkuchen und etwas Milch zu geben, oder, was viel besser und bekömmlicher ist, ein frisches Rohkost - gelegtes Ei oder rohe frische Sahne, am frühen Morgen; Aber im Großen und Ganzen ist es eine kostengünstige Möglichkeit, einen Wurf wertvoller Welpen zu retten. Wenn es eine große Anzahl an Welpen gibt, können einige an eine Pflegemutter abgegeben werden; aber in der Regel sind diese schwer zu bekommen und oft nicht zufriedenstellend. Bromide sollten immer unmittelbar nach dem Essen verabreicht werden; Auf keinen Fall, wenn der Magen leer ist. Chloral kann jederzeit verabreicht werden, wenn die Notwendigkeit besteht. Die 5-gr. Bromid-Boulevardzeitungen, die in jeder Apotheke erhältlich sind , sind sehr nützlich; Für Hunde ist es nicht notwendig, sie in Wasser aufzulösen, sie *müssen jedoch, wie bereits erwähnt,* mit oder direkt nach dem Futter verabreicht werden.

Zahnanfälle sollten medizinisch genauso behandelt werden wie Säuglingsanfälle. Genauso wie eine schlecht aufgezogene, nicht mit Fleisch gefütterte Hündin, die aufgrund einer anämischen Angewohnheit Würmer beherbergt , ein schlechtes Thema für letzteres Problem ist, so ist es auch ein Welpe, der auf milchigem Matsch und großen, nassen Böden aufgewachsen ist Wenn er Haferflocken, Brot und Milch zu sich nimmt und daher eine geschwächte Verdauung hat, kann es sehr wahrscheinlich sein, dass er stark unter Anfällen leidet, die bei einem kräftigen jungen Hund mit kleinen Problemen vergehen würden. In der Regel gibt es eine gewisse Warnung vor Anfällen beim Zahnen, wie starren Augen usw.; Aber manchmal, und vor allem, wenn ein Welpe im Alter von sechs bis zehn Monaten sehr aufgeregt war, an einem heißen Tag spazieren ging, in der Sonne spielen durfte oder unwillig an der Leine gezogen wurde, kommen sie ganz plötzlich auf. Wenn der Hund draußen in der heißen Sonne ist, kann es sein, dass er plötzlich einen Schrei ausstößt und mit aller Kraft davonläuft, ohne auf Rufe zu achten. Im Allgemeinen ist er klug genug, nach Hause zu rennen, es sei denn, jemand auf dem Weg hält ihn für verrückt und verhält sich wie dumme Leute unter solchen Umständen.

Wenn es möglich ist, den Ausreißer zu fangen, sollte er seinen Kopf bedecken, um das Licht aus seinen Augen fernzuhalten, und so schnell und leise wie möglich nach Hause gebracht werden, um ihn an einem kühlen und völlig dunklen Ort einzuschließen, bis der Anfall ausreichend abgeklungen ist um ihm eine Dosis Chloral zu geben. Danach sollte er ein oder zwei Tage lang eine Diät mit gehacktem, halbgegartem Fleisch und anschließendem Kaliumbromid zu sich nehmen. Ein Sprung in kaltes Wasser kann einen solchen Anfall oft stoppen, ist aber ein zu heroisches Heilmittel, um sicher zu sein, es sei denn, die Umstände sind sehr dringend. Es ist gut, den Kopf mit einem kalten Schwamm zu behandeln, und Ruhe und Dunkelheit sind unerlässlich. Manchmal nehmen die Zahnungsanfälle an Häufigkeit und Schwere zu, bis sie in Epilepsie übergehen und der Hund verloren geht. Dies wird gelegentlich dadurch verursacht, dass ein sehr junger, sehr nervöser und aufgeregter Hund mit anderen Menschen des anderen Geschlechts zusammen sein darf, wenn diese in Abgeschiedenheit sein sollten.

Anfälle, ähnlich wie leichte Anfälle beim Zahnen, sind bei heruntergekommenen Hunden, die an Anämie und der wahrscheinlichen Folge davon Würmern leiden, keine Seltenheit. Diese sind oft sehr vorübergehend und können durch eine tonisierende Behandlung mit Aufregungsruhe und guter Ernährung beseitigt werden.

KAPITEL IX

CLUB-STANDARDS, BESCHREIBUNGEN UND PUNKTE VERSCHIEDENER SPIELZEUGRASSEN

Pommern. – Diese sind jetzt in Pomeranians (über 7 Pfund) und Pomeranians Miniature unterteilt, und das Komitee des Kennel Club hat den folgenden Standard festgelegt, der ab dem 1. Juni 1909 gilt:

DER POMMERN. - *Aussehen.* —Der Zwergspitz sollte in Körperbau und Aussehen ein kompakter Hund mit kurzen Gliedern und gutem Körperbau sein. Sein Kopf und sein Gesicht sollten fuchsartig sein , mit kleinen Stehohren, die jedes Geräusch wahrzunehmen scheinen. Er sollte große Intelligenz in seinem Ausdruck, Fügsamkeit in seinem Wesen und Aktivität und Lebhaftigkeit in seinem Verhalten an den Tag legen. In Gewicht und Größe variiert der Zwergspitz erheblich. Er muss über 7 Pfund wiegen, sollte aber vorzugsweise etwa 10 bis 14 Pfund wiegen. *Kopf.* – Der Kopf sollte im Umriss etwas fuchsartig oder keilförmig sein, der Schädel sollte flach und groß im Verhältnis zur Schnauze sein, die ziemlich fein abschließen sollte und frei von Lippenbildung sein sollte. Die Zähne sollten eben sein und auf keinen Fall unterschritten sein. Das Haar am Kopf und im Gesicht muss glatt und kurzhaarig sein.

DIE POMMERSCHE MINIATUR – *Aussehen.* — Der Zwergspitz sollte in Körperbau und Aussehen ein kompakter Hund mit kurzen Paarungen sein. Sein Kopf und sein Gesicht sollten wie ein Miniaturfuchs sein, mit kleinen, aufrechten und sehr beweglichen Ohren, die aufrecht und gut zusammengefügt sind und auf keinen Fall Hängeohren haben. Er sollte voller Leben, intelligent im Ausdruck und fügsam im Wesen sein. Der Zwergspitz sollte vorzugsweise etwa 1,5 bis 2,3 kg wiegen, darf jedoch nicht mehr als 3,3 kg wiegen. Hunde über 7 Pfund. müssen als Pommern registriert sein. Hunde unter 7 Pfund. müssen im Alter von zwölf Monaten oder später als Pomeranians Miniature registriert oder erneut registriert werden und dürfen mit dieser Registrierung oder erneuten Registrierung niemals an Klassen für Pomeranians teilnehmen. *Kopf.* — Der Kopf sollte keilförmig sein und einen eher fuchsartigen Umriss haben, aber der Schädel kann runder sein als beim Zwergspitz.

STANDARD UND PUNKTESKALA, WIE VOM POMERANIAN CLUB FESTGELEGT. —Sekretär, GM Hicks, Esq., Granville House, Blackheath , London, SE [2] *Aussehen.* —Der Zwergspitz sollte in Körperbau und Aussehen ein kompakter Hund mit kurzen Gliedern und gutem Körperbau sein. Sein Kopf und sein Gesicht sollten fuchsartig sein , mit kleinen, aufrechten Ohren, die auf jedes Geräusch aufmerksam zu sein scheinen; er sollte große Intelligenz in seinem Ausdruck, Fügsamkeit in seinem Wesen und Aktivität und Lebhaftigkeit in seinen Verhaltensweisen an den Tag legen . – 15 Punkte. *Kopf.* — Der Umriss ist etwas fuchsartig oder keilförmig, der Schädel ist etwas flach (obwohl der Schädel bei den Spielzeugarten etwas runder sein kann), groß im Verhältnis zur Schnauze, die ziemlich fein abschließen sollte und frei von Lippenbildung sein sollte. Die Zähne sollten eben sein und auf keinen Fall unterschritten sein. Der Kopf darf im Profil einen kleinen „Stopp" aufweisen, der jedoch nicht zu ausgeprägt sein darf, und die Haare auf Kopf und Gesicht müssen glatt oder kurzhaarig sein. – 5 Punkte. *Augen.* — Sollte mittelgroß sein, eine eher schräge Form haben, nicht zu weit auseinander stehen, eine helle und dunkle Farbe haben und große Intelligenz und fügsames Temperament zeigen. Bei einem weißen Hund sind schwarze Augenränder vorzuziehen. – 5 Punkte. *Ohren.* — Sollte klein sein und vollkommen aufrecht getragen werden, oder gestochen wie die eines Fuchses, und sollte wie der Kopf mit weichem, kurzem Haar bedeckt sein. Zupfen oder Trimmen ist nicht zulässig. – 5 Punkte. *Nase.* – Bei schwarz-braunen oder weißen Hunden sollte die Nase schwarz sein; bei anderen Pommern kann es häufiger braun oder leberfarben sein ; aber in allen Fällen muss die Nase einfarbig, nicht zweifarbig und niemals weiß sein. – 5 Punkte. *Nacken und Schultern.* – Der Hals sollte, wenn überhaupt, eher kurz, gut angesetzt und löwenähnlich sein, bedeckt mit einer üppigen Mähne und einer Rüsche aus langen, glatten, glänzenden Haaren, die unter dem Kiefer hervorragen und den gesamten vorderen Teil bedecken die Schultern und die Brust sowie fließend auf der Oberseite der Schultern. Die Schultern müssen einigermaßen sauber und weit zurückliegend sein . – 5 Punkte. *Körper.* — Der Rücken muss kurz und der Körper kompakt, gut gerippt und der Rumpf gut gerundet sein. Die Brust muss ziemlich tief und nicht zu breit sein. – 10 Punkte. *Beine.* — Die Vorderbeine müssen vollkommen gerade und von mittlerer Länge sein – nicht so, dass man sie als „langbeinig" oder „tief an den Beinen" bezeichnen würde –, aber in einem angemessenen Längen- und Kraftverhältnis zu einem ausgewogenen Körperbau, und die Vorderbeine und Oberschenkel müssen dies tun gut befedert sein, die Pfoten klein und kompakt. Es ist kein Beschneiden zulässig. – 5 Punkte. *Mantel.* – Eigentlich sollte es zwei Mäntel geben, ein Unter- und ein Überfell – das eine ist ein weiches, flauschiges Unterfell, das andere ein langes, vollkommen gerades und glänzendes Fell, das den gesamten Körper bedeckt und am Hals sehr reichlich vorhanden ist und den vorderen Teil der Schultern und der Brust, wo er eine Rüsche aus langem, fließendem Haar bilden sollte, die sich über die Schultern erstreckt, wie zuvor beschrieben. Die Hinterhand sollte, wie die eines Collies, vom oberen Teil des Hinterteils bis zu den Sprunggelenken ebenfalls mit langen Haaren oder Federn besetzt sein. Die Behaarung der Rute muss üppig sein und über den Rücken fallen . – 25 Punkte. *Schwanz.* — Der Schwanz ist ein Merkmal der Rasse und sollte von der Wurzel her gut über den Rücken gewunden sein oder flach auf dem Rücken liegen, leicht auf beiden Seiten, und reichlich mit langem Haar bedeckt sein, das sich ausbreitet und über den Rücken fließt zurück. – 10 Punkte. *Farbe*. — Folgende Farben sind zulässig: Weiß, Schwarz, Blau, Braun, Schwarzbraun, Rehbraun, Zobel, Rot und Zweifarben . Das Weiß muss völlig frei von Zitronengelb oder anderen Farben sein und die Schwarz-, Blau-, Braun-, Schwarz- und Brauntöne sowie die Rottöne dürfen kein Weiß enthalten. Ein paar weiße Haare in einer der Eigenfarben stellen keine absolute Disqualifikation dar, sollten aber für den Hund von großer Bedeutung sein. Bei zweifarbigen Hunden sollten die Farben gleichmäßig am Körper verteilt sein. Ganzfarbige Hunde mit einem oder mehreren weißen Füßen, Beinen oder Beinen sind entschieden unzulässig und sollten entmutigt werden; sie können nicht als ganzfarbige Exemplare mithalten . In gemischten Klassen – *das heißt* , wo ganzfarbige und zweifarbige Zwergspitz miteinander konkurrieren – sollte den ganzfarbigen der Vorzug gegeben werden, wenn sie in anderen Punkten gleich sind Exemplare. – 10 Punkte. Insgesamt: 100 Punkte.

[2] In den meisten Fällen werden die Namen der Sekretäre der verschiedenen Clubs genannt, es muss jedoch berücksichtigt werden, dass eine jährliche Neuwahl stattfindet.

Wird auch vom North of England Pomeranian Club betreut. Sekretär, J. Tweedale , Valley House, Oversley Ford, Wilmslow ; und der Midland Counties Pomeranian Club. Hon. Sekretärin, Frau E. Parker, Meadowland, Uttoxeter Road, Derby.

Toy Spaniels (Englisch). – Punkte gemäß der Definition des Toy Spaniel Club. Hon. Sekretärin, Miss M. Hall, Chalk Hill House, Norwich. *Kopf.* — Sollte gut gewölbt sein und ist bei guten Exemplaren absolut halbkugelig, manchmal sogar über den Halbkreis hinausgehend und absolut über die Augen hinausragend, so dass sie fast die nach oben gerichtete Nase treffen. *Augen.* — Die Augen stehen weit auseinander, die Augenlider liegen rechtwinklig zur Gesichtslinie – nicht schräg oder fuchsartig . Die Augen selbst sind groß und gelten daher allgemein als schwarz. Ihre riesigen Pupillen, die absolut diese Farbe haben , ergänzen die Beschreibung. Aufgrund ihrer Größe ist an den Innenwinkeln immer ein gewisses Maß an Tränen zu erkennen; Ursache dafür ist ein Defekt im Tränenkanal. *Stoppen.* – Der „Stopp" oder die Vertiefung zwischen den Augen ist deutlich ausgeprägt, wie bei der Bulldogge, oder sogar noch ausgeprägter; Einige gute Exemplare weisen eine Vertiefung auf, die tief genug ist, um eine kleine Murmel darin zu vergraben. *Nase.* — Die Nase muss kurz und zwischen den Augen gut hochgezogen sein und darf keine Anzeichen einer künstlichen Verschiebung durch eine Abweichung nach einer Seite aufweisen. Die Farbe des Endes sollte schwarz sein, es sollte sowohl tief als auch breit sein und offene Nasenlöcher haben. *Kiefer.* — Der Unterkiefer muss zwischen seinen Ästen breit sein und viel Platz für die Zunge und den Ansatz der Unterlippe lassen, die die Zähne vollständig verbergen sollte. Es sollte auch nach oben oder „fertig" gestellt werden, damit es auf das Ende des Oberkiefers treffen kann, und zwar auf ähnliche Weise, wie oben beschrieben. *Ohren.* — Die Ohren müssen so lang sein, dass sie bis zum Boden reichen. Bei einem durchschnittlich großen Hund messen sie 20 Zoll. von Spitze zu Spitze, und einige erreichen 22 Zoll oder sogar ein wenig mehr. Sie sollten tief auf dem Kopf sitzen und stark befiedert sein. In dieser Hinsicht wird erwartet, dass der King Charles den Blenheim übertrifft, und seine Ohren reichen gelegentlich bis zu 24 Zoll. *Größe.* — Die wünschenswerteste Größe liegt bei 7 Pfund. bis 10 Pfund. *Form.* – In Bezug auf die kompakte Form konkurrieren diese Spaniels fast mit dem Mops, aber die Länge des Fells trägt wesentlich zur scheinbaren Masse bei, da der Körper, wenn das Fell nass ist, im Vergleich zu diesem Hund klein aussieht. Dennoch sollte es ausgesprochen „ stämmig " sein, mit kräftigen, kräftigen Beinen, breitem Rücken und breiter Brust. Die Symmetrie des Zwergspaniels ist wichtig, aber es kommt selten vor, dass diesbezüglich ein Mangel vorliegt. *Mantel.* — Das Fell sollte lang, seidig, weich und gewellt, aber nicht lockig sein. Beim Blenheim sollte eine üppige Mähne vorhanden sein, die weit bis zur Vorderseite der Brust reicht. Die Feder sollte an den Ohren und Füßen gut zur Geltung kommen, wo sie so lang ist, dass es den Anschein erweckt, als wären sie mit Schwimmhäuten versehen. Es lässt sich auch gut an der Rückseite der Beine tragen. Beim King Charles ist die Feder an den Ohren sehr lang und üppig und übertrifft die des Blenheim um einen Zoll oder mehr. Die Feder am Schwanz (die auf eine Länge von etwa 9,5 bis 10 cm geschnitten ist) sollte seidig sein und ab einer Länge von 13 cm sollte sie weich sein. bis 6 Zoll. lang, bildet eine markierte „Flagge" in quadratischer Form und darf nicht über die Höhe des Rückens hinaus getragen werden. *Farbe .* — Die Farbe variiert je nach Rasse. Der King Charles ist ein sattes, glänzendes Schwarz und ein tiefes Braun; Braune Flecken über den Augen und auf den Wangen sowie die üblichen Abzeichen an den Beinen sind ebenfalls erforderlich. Der Ruby Spaniel hat ein sattes Kastanienrot. Das Vorhandensein einiger *weißer* Haare , *vermischt mit dem Schwarzen* auf der Brust eines King Charles oder *vermischt mit dem Roten* auf der Brust eines Ruby Spaniels, dürfte *ein sehr großes Gewicht gegen* einen Hund haben, an sich aber nicht absolut disqualifizierend sein; aber ein weißer Fleck auf der Brust oder Weiß an einem anderen Teil eines King Charles oder Ruby Spaniels stellt eine Disqualifikation dar. Der Blenheim darf auf keinen Fall vollfarbig sein , sondern sollte einen rein perlweißen Grund mit hellen, kräftigen kastanien- oder rubinroten Abzeichen haben, die gleichmäßig in großen Flecken verteilt sind.

Die Ohren und Wangen sollten rot sein, mit einem weißen Schimmer, der sich von der Nase bis zur Stirn erstreckt und zwischen den Ohren in einer sichelförmigen Kurve endet. In der Mitte dieser Flamme sollte sich ein deutlicher roter „Fleck" von der Größe eines Sixpence befinden. Der Trikolore oder Charles der Erste Spaniel sollte die Bräune des King Charles haben, mit Abzeichen wie der Blenheim in Schwarz statt Rot auf perlweißem Grund. Die Ohren und die Unterseite des Schwanzes sollten ebenfalls braun gefüttert sein. Die Trikolore hat keinen Fleck, diese Schönheit ist das besondere Eigentum der Blenheim.

Der einzige Name, unter dem die Trikolore , also Schwarz, Weiß und Braun, künftig bekannt sein wird, ist „Prinz Charles".

Dass der komplett rote Toy Spaniel künftig unter dem Namen „Ruby Spaniel" bekannt sein wird. Die Farbe der Nase soll schwarz sein. Die Spitzen des „Ruby" sollen mit denen des „King Charles" identisch sein und sich nur in der Farbe unterscheiden .

PUNKTESKALA.

King Charles, Prince Charles und Ruby Spaniels.

Symmetrie, Zustand und Größe	20	Augen	10
Kopf	15	Ohren	15
Stoppen	5	Fell und Gefieder	15
Schnauze	10	Farbe	<u>10</u>
		GESAMT	100

Blenheim.

Symmetrie, Zustand und Größe	15	Ohren	10
Kopf	15	Fell und Gefieder	15
Stoppen	5	Farbe und Markierungen	15

Schnauze	10	Stelle	5
Augen	10		——
		GESAMT	100

Der Toy Trawler Spaniel. – Dieser kleine Hund, für den auf Ausstellungen einige Kurse gegeben wurden, verdient Beachtung, und sein Standard und seine Punkteskala sind beigefügt, zusammen mit einigen Bemerkungen einer Dame, die ihn vorgestellt hat und deren Zwinger wunderschöne Toy Spaniels hat aller Rassen ist bekannt. *Punkte.* — Kopf klein und leicht, mit sehr spitzer, eher kurzer Nase, fein und spitz zulaufend , mit einer sehr leichten Krümmung nach oben zur Nasenspitze. Eine Kurve nach unten (wie beim Barsoi) sollte eine absolute Disqualifikation bedeuten. Der „Stopp" ist gut ausgeprägt und der Schädel eher erhaben, aber oben flach und nicht kuppelförmig. Die Schnauze ist gerade fertig, nicht zu weit geschossen. Lange Ohren, hoch angesetzt und nach vorne gestellt getragen, umrahmen das Gesicht. Große, dunkle Augen, die weit auseinanderliegen und beim Drehen das Weiß zeigen . Sie müssen vollkommen gerade und nicht schräg im Kopf sitzen. Unabhängig von der Farbe des Hundes müssen Nase und Lefzen schwarz sein. Hals gewölbt. Rücken breit und kurz. Der Schwanz ist auf einer Höhe mit dem Rücken angesetzt und wird fröhlich getragen, wenn auch nicht gerade in die Luft gehoben oder wie bei einem Zwergspitz über den Rücken gerollt. Es sollte etwa 4 bis 5 Zoll lang kupiert sein und gut mit langem Gefieder ausgestattet sein. Allgemeine Beförderung sehr schick und fröhlich. Die Beine sind relativ kurz und vollkommen gerade, die Knochen sind leicht, aber kräftig. Bauen Sie quadratisch, robust und kompakt, aber niemals schwer. Die Bewegung sollte elegant und tänzeln, das Fell sehr lockig, aber nicht wollig sein. Die Textur sollte eher seidig und sehr glänzend sein. Liberale Befederung, Weste und Hosen. Die Form ist alles wichtig; Farbe eine Nebensache. Beste Farbe ist ein strahlendes Schwarz mit weißer Weste. Als nächstes Rot mit weißer Weste, Schwarz und Weiß und Rot und Weiß. Beste Größe von 11 bis 13 Zoll an der Schulter. Jegliche Neigung zur Unkrautbildung sollte sorgfältig vermieden werden und die Schulterhöhe sollte ungefähr der Länge von der Schulterspitze bis zur Schwanzwurzel entsprechen. Die Größe sollte nicht nach dem Gewicht beurteilt werden, sondern nach der Größe, da sie für ihre Größe ein hohes Gewicht haben sollten. Ein etwa 33 cm großer Hund sollte etwa 7,6 kg wiegen. Sehr kleine Exemplare – *also* weniger als 9 Zoll hoch – sind nur dann wünschenswert, wenn Typ, Festigkeit, Kompaktheit und Robustheit unbeeinträchtigt sind. Füße eng, fest und hart. Sie und der untere Teil der Beine sollten nicht zu stark befedert sein. Der Gesichtsausdruck sollte sehr wachsam und sehr süß sein. Die Hunde sollten sehr mutig und mutig sein. Schüchternheit ist ein großer Fehler und sollte sich im Ring gegen sie auswirken. Sie sind ausgezeichnete Ratten- und Kaninchenfresser . Bezüglich der Proportionen des Kopfes gilt: Wenn die Gesamtlänge des Kopfes etwa 15 cm beträgt, sollten die Ohren etwa 10 cm voneinander entfernt sein. Der gesamte Kopf sollte aus der Vogelperspektive gesehen ein Dreieck sein, mit der Nasenspitze als Spitze. Das allgemeine Erscheinungsbild sollte dem eines äußerst hübschen kleinen Sporthundes entsprechen, sehr stark und äußerst intelligent und kompakt.

Sie dürfen *nicht* mit Cockern verwechselt werden, da es sich um einen völlig anderen Typ handelt.

PUNKTESKALA.

Allgemeines Erscheinungsbild, einschließlich Zustand und Eleganz	12	Farbe	5
Mantel	10	Aktion und Festigkeit der Gliedmaßen	10
Kopf und Ausdruck	15	Größe	5
Augen	6	Kompaktheit, gerader Rücken und Schwanzansatz	10
Krümmung und Proportion der Schnauze	6	Kühnheit und Wachsamkeit	8
Angesetzte Ohren	5	Gesunde Zähne	3
Beine und Füße	5		—
			—
		GESAMT	100

PUNKTE, DIE DISQUALIFIZIEREN SOLLTEN.

1. Eine fleischfarbene Nase .	6. Helle Augen .
2. Eine nach unten gerichtete Krümmung der Schnauze.	7. Schräge Augen.

3. Kein „Stopp".	8. Ein sehr langer Körper.
4. Hängende Lippen.	9. Schlechte Aktion.
5. Krumme Vorderbeine.	

PUNKTE, DIE SEHR UNERWÜNSCHT SIND.

1. Schüchternheit.	6. Übertreibungen jeglicher Art.
2. Ein gerader Mantel.	7. Hängender Schwanz.
3. Tief angesetzte Ohren.	8. Zähne oder Zunge zeigen.
4. Übertrieben kurze oder lange Beine.	9. Ein „Apfel"-Kopf.
5. Trägheit.	

MESSUNGEN EINER PERFEKTEN PROBE.

	Zoll.		Zoll.
Breite des Schädels an den Augen von jedem äußeren Augenwinkel über den Kopf	5	Höhe an den Schultern	13
Länge des Schädels	4	Länge von der Oberseite der Schultern bis zur Schwanzwurzel	13
Länge der Nase	2¼	Länge der Vorderbeine bis zum Ellenbogen	7½
Umfang des Schädels	10½	Breite Schultern	6
Umfang der Schnauze unter den Augen	6¾	Breite in Vierteln	6
Raum zwischen den Augen	1⅜	Umfang	19

Abstand zwischen den Ohren, wenn sie nicht gespitzt sind	4¼	Befiederung an der Schwanzfahne	6
Länge der Ohren (Leder)	4	Befiederung der Weste	4

Der Ursprung der Rasse ist unbekannt, aber sie soll vom ursprünglichen Curly King Charles Spaniel (siehe Mr. Watsons „Buch des Hundes") und dem altmodischen Curly Sussex Spaniel abstammen, der inzwischen ausgestorben ist. Darin besteht keine Gewissheit. Die Rasse kommt in Italien und Holland vor.

Toy Spaniels haben auch den Northern Toy Spaniel Club. Sekretärin, Frau EA Furnival , Eastwood, Mauldeth Road, Heaton Mersey, Manchester.

Griffons Bruxellois . — Punkte gemäß der Definition des Griffon Bruxellois Club. Hon. Sekretärin, Miss L. Feilding, 48, Grosvenor Gardens, London, SW *Allgemeines Erscheinungsbild.* — Ein kleiner Damenhund, intelligent, lebhaft, robust, von kompakter Erscheinung, der an einen Maiskolben erinnert und durch einen quasi menschlichen Gesichtsausdruck die Aufmerksamkeit auf sich zieht. *Kopf.* — Rundlich und mit groben, rauen Haaren bedeckt, etwas länger um die Augen und an Nase, Lippen und Wangen. *Ohren.* — Aufgerichtet im gestutzten Zustand, halb aufrecht im nicht geschorenen Zustand. *Augen.* — Sehr groß, ohne wässrig zu sein, rund, fast schwarz; Augenlider schwarz umrandet; Die Wimpern sind lang und schwarz und lassen das Auge, das sie umschließen, vollkommen unbedeckt. *Nase.* - Immer schwarz, kurz, umgeben von Haaren, die nach oben zusammenlaufen und auf das treffen, was die Augen umgibt; der Bruch (oder Stopp in der Nase) deutlich, aber nicht übertrieben. *Lippen.* – Schwarz umrandet, mit Schnurrbart versehen; Ein wenig Schwarz im Schnurrbart ist kein Fehler. *Kinn.* — Hervorragend, ohne die Zähne zu zeigen und von einem kleinen Bart gesäumt. *Brust.* — Ziemlich breit. *Beine.* — Möglichst gerade, mittellang. *Schwanz.* – Nach oben und auf zwei Drittel geschnitten. *Farbe .* - Rot. *Textur des Fells.* – Hart und drahtig, ziemlich lang. *Gewicht.* — Geringes Gewicht : 5 Pfund. maximal und schweres Gewicht 9 Pfund. das Maximum. *Fehler.* — Braune Nase, blasse Augen , seidiger Büschel auf dem Kopf, weißer Fleck auf der Brust oder Pfote.

PUNKTESKALA.

Hartbeschichtung	15	Beine und Körper	5
Rötliche Farbe	10	Höhe und Größe	3

Augen	7	Gesamterscheinung	10
Nase und Schnauze	7		——
Ohren	3	GESAMT	60

Der Brüsseler Griffon Club of London (Sekretärin, Miss AF Hall, 2, Park Place Villas, Maida Hill, London, W.) bietet praktisch den gleichen Standard, führt jedoch dazu, dass eine braune Nase, weiße Haare und eine hängende Zunge disqualifiziert werden, während als Zu den Mängeln zählen helle Augen, seidiges Haar auf dem Kopf, braune Nägel und sichtbare Zähne; und die Beschreibung des typischen Fells lautet wie folgt: - Fellbeschaffenheit hart und drahtig, unregelmäßig, ziemlich lang und dick.

Schipperkes. — Die Beschreibung des Schipperke, die auf einer Generalversammlung des belgischen Schipperke-Clubs am 19. Juni 1888 angenommen wurde, wurde vom St. Hubert Schipperke-Club übernommen und unterliegt dem Urheberrecht. Der Schipperke Club, England, entwickelt die folgende Punkteskala, und der Sekretär ist GH Killick, Esq., Moor House, Chorley, Lancashire.

Kopf. - Foxy im Typ; Der Schädel sollte nicht rund, sondern breit sein und wenig „Stopp" aufweisen. Die Schnauze sollte mäßig lang sein; gut, aber nicht schwach; unter den Augen sollte gut ausgefüllt sein. *Nase.* – Schwarz und klein. *Augen.* — Dunkelbraun, klein, eher oval als rund und nicht voll; hell und voller Ausdruck. *Ohren.* — Form: Von mäßiger Länge, an der Basis nicht zu breit, spitz zulaufend. Haltung: Steif aufgerichtet und in dieser Position so, dass die Innenkante möglichst einen rechten Winkel mit dem Schädel bildet und stark genug ist, um nicht anders als in Längsrichtung gebogen zu werden. *Zähne.* — Stark und eben. *Nacken.* — Kräftig und voll, eher kurz, an den Schultern breit angesetzt und leicht gewölbt. *Schultern.* — Muskulös und schräg. *Brust.* — Breit und tief im Bruststück. *Zurück.* – Kurz, gerade und stark. *Lenden.* — Kräftig, gut aus der Brust gezogen. *Vorderbeine.* — Vollkommen gerade, weit unter dem Körper, mit Knochen im richtigen Verhältnis zum Körper. *Hinterbeine.* – Stark, muskulös; Sprunggelenke gut abgesenkt. *Füße.* — Klein, katzenartig und gut auf den Zehen stehend. *Nägel.* - Schwarz. *Hinterhand.* – Gut im Vergleich zu den Vorderpartien; muskulöse und gut entwickelte Oberschenkel; schwanzlos; Rumpf gut gerundet. *Mantel.* – Schwarz, reichlich, dicht und hart, glatt an Kopf, Ohren und Beinen; Am Rücken und an den Seiten eng anliegend, aber aufrecht und dick um den Hals, eine Mähne und eine Rüsche bildend, und auf der Rückseite der

Oberschenkel gut befedert. *Gewicht.* – Ungefähr 12 Pfund. *Gesamterscheinung.* – Ein kleines, stämmiges Tier mit scharfem Ausdruck, äußerst lebhaft, das den Anschein erweckt, immer auf der Hut zu sein. *Disqualifizierende Punkte.* — Hängende oder halb aufgerichtete Ohren. *Fehler.* — Weiße Haare werden beanstandet, disqualifizieren sie jedoch nicht.

RELATIVER WERT DER PUNKTE.

Kopf, Nase, Augen und Zähne	20	Füße	5
Ohren	10	Hinterhand	10
Nacken, Schultern und Brust	10	Fell und Farbe	20
Rücken und Lenden	5	Gesamterscheinung	10
Vorderbeine	5		——
Hinterbeine	5	GESAMT	100

Der Standard des St. Hubert Schipperke Clubs ist praktisch identisch mit dem des Schipperke Clubs, England, mit Ausnahme der Gewichtsgrenzen, die dieser Club jedoch ebenfalls auf maximal 12 Pfund festlegt. Für kleine Hunde werden 30 Punkte für das Fell und die Farbe vergeben , für das allgemeine Erscheinungsbild jedoch keine. Sie haben auch den Northern Schipperke Club. Hon. Sekretär, TW Markland, Ingersley , Links Gate, St. Anne's-on-the-Sea.

Möpse. — Standard- und anerkannte Punkte:

DER STANDARD.

Symmetrie	10	Maske	5
Größe	5	Falten	5
Zustand	5	Schwanz	5
Körper	10	Verfolgen	5

Beine	5	Mantel	5
Füße	5	Farbe	5
Kopf	5	Allgemeine Beförderung	5
Schnauze	5		——
Ohren	5	GESAMT	100
Augen	10		

SCHWARZER MOPS. „ Larchmoor Peter Pan", im Besitz von Mrs. Lyle.

Symmetrie. – Symmetrie und allgemeines Erscheinungsbild, ausgesprochen quadratisch und stämmig . Ein schlanker, langbeiniger Mops und ein Hund mit kurzen Beinen und langem Körper sind gleichermaßen anstößig. *Größe und Zustand.* – Der Mops sollte *multum in parvo sein* , aber diese Verdichtung (falls das Wort überhaupt verwendet werden darf) sollte sich in der Kompaktheit der Form, den wohlgeformten Proportionen und der Härte der entwickelten Muskulatur zeigen. Gewicht ab 13 Pfund. bis 17 Pfund, Hund oder Hündin. *Körper.* – Kurz und kräftig , mit breiter Brust und gut gerippt. *Beine.* — Sehr kräftig, gerade, von mäßiger Länge und weit unten. *Füße.* – Weder so lang wie der Fuß des Hasen, noch so rund wie der der Katze; gut gespaltene Zehen und die Nägel schwarz. *Schnauze.* – Kurz, stumpf, quadratisch, aber nicht nach oben gerichtet. *Kopf.* — Groß, massiv, rund, nicht apfelköpfig, ohne Einkerbung des Schädels. *Augen.* - Dunkel in der Farbe , sehr groß, kräftig und hervorstehend, kugelförmig, weich und besorgt im Ausdruck, sehr glänzend und, wenn er erregt wird, voller Feuer. *Ohr.* – Dünn, klein, weich, wie schwarzer Samt. Es gibt zwei Arten: die „Rose" und den „Knopf". Letzterem wird der Vorzug gegeben. *Markierungen.* - Klar definiert. Die Schnauze oder Maske, die Ohren, Muttermale auf den Wangen, Daumenabdrücke oder Rauten auf der Stirn und die Rückenlinie sollten so schwarz wie möglich sein. *Maske.* — Die Maske sollte schwarz sein. Je intensiver und klarer es ist, desto besser. *Falten.* — Groß und tief. *Verfolgen.* – Eine schwarze Linie, die vom Hinterkopf bis zum Schwanz verläuft. *Schwanz.* — Möglichst eng über die Hüfte gelockt. Die Doppellocke ist perfekt. *Mantel.* — Fein, glatt, weich, kurz und glänzend, weder hart noch wollig. *Farbe .* – Silber oder Aprikosenbraun. Es sollte jeweils entschieden werden, den Kontrast zwischen der Farbe und der Maske und der Spur zu vervollständigen . *NB* : Die Punkte von schwarzen Möpsen sind, abgesehen von der Farbe , die gleichen wie die von Kitzen. Der London and Provincial Pug Club. Sekretär, J. Fabian, 460, Camden Road, London, N.

Spielzeugbulldoggen . – PUNKTE VON TOY BULLDOGS. – Das allgemeine Erscheinungsbild der Spielzeugbulldogge muss dem der großen Bulldogge so nahe wie möglich kommen. Der Schädel sollte groß sein, die Stirn flach, die Haut darum herum gut faltig sein, der „Stopp" breit und tief sein und sich bis zur Mitte der Stirn erstrecken. Augen von mäßiger Größe, tief am Schädel gelegen und möglichst weit auseinander. Die Ohren sollten, wenn möglich, „rosig" sein; „Tulpenohren" sind zulässig, aber nicht erwünscht; „Knopf"- oder Terrier-ähnliche Ohren sind ein entschiedener Fehler. Das Gesicht sollte möglichst kurz sein, die Nase tiefschwarz, tief zurückgesetzt, fast zwischen den Augen. Die Schnauze sollte kurz, breit und nach oben gerichtet sein. Der Unterkiefer sollte deutlich vor dem Oberkiefer hervorstehen und nach oben zeigen. Zähne dürfen nicht gezeigt werden. Der Hals ist kurz und weist viel lose Haut auf. „ Fröschigkeit " ist anstößig. Die Brust muss sehr breit, rund und tief sein. Der Rücken ist kurz und kräftig, zu den Lenden hin schmal und an der Schulter breit. Ein Rotaugenrücken ist wünschenswert. Der Schwanz muss kurz sein und nicht über dem Rücken getragen werden. Die Vorderläufe müssen im Verhältnis zu den Hinterläufen kurz sein. Die Hinterhand ist im Verhältnis wesentlich leichter als die Vorderhand. Das wünschenswerteste Gewicht liegt unter 20 Pfund, und Hunde und Hündinnen, die mehr als 22 Pfund wiegen. sollte disqualifiziert werden. Der Miniatur-Bulldog-Club. Sekretärin, Miss A. Bruce, 42, Hill Street, Berkeley Square, London, W.

PUNKTESKALA.

Allgemeines Erscheinungsbild und Charakter	10	Schwanz	5
Kopf	15	Beine	15
Ohren	15	Brust	10
Körper	10		——
Größe und Gewicht	20	GESAMT	100

FRANZÖSISCHE SPIELBULLDOGGE. „ Barkston Billie", im Besitz von Mrs. Townsend Green.

BESCHREIBUNG UND MERKMALE DER FRANZÖSISCHEN SPIELZEUGBULLDOGGE . - *Gesamterscheinung.* – Die Französische Bulldogge sollte das Aussehen eines aktiven, intelligenten und sehr muskulösen Hundes haben, von kräftigem Körperbau und für ihre Größe von schwerem Knochenbau. *Der Kopf* ist von großer Bedeutung, groß und quadratisch. Die Stirn ist fast flach, die Wangenmuskeln sind gut entwickelt, aber nicht hervorstehend. Der „Stopp" sollte möglichst tief sein. Die Kopfhaut sollte nicht spannen und die Stirn sollte gut gefalten sein. Die Schnauze sollte kurz, breit, nach oben gerichtet und sehr tief sein. Der Unterkiefer sollte deutlich vor dem Oberkiefer hervorstehen und nach oben zeigen, aber die Zähne nicht zeigen. *Die Augen* sollten mittelgroß und dunkel sein . Wenn der Hund direkt vor sich hinschaut, sollte kein Weiß zu sehen sein. Sie sollten tief unten und weit auseinander platziert werden. *Die Nase* muss schwarz und groß sein. *Ohren.* — Fledermausohren sollten mittelgroß, an der Basis groß und an den Spitzen abgerundet sein. Sie sollten hoch auf dem Kopf platziert und gerade getragen werden. Die Ohröffnung ist nach vorne gerichtet und die Haut sollte sich fein und weich anfühlen. *Der Hals* sollte dick, kurz und gut gewölbt sein. *Der Körper.* — Die Brust sollte breit und tief zwischen den Beinen liegen und die Rippen sollten gut gewölbt sein. Der Körper ist kurz und muskulös und gut geschnitten. Der Rücken sollte an der Schulter breit sein, sich zu den Lenden hin verjüngen und vorzugsweise gut gewölbt sein. *Die Rute* sollte tief angesetzt und kurz sein, an der Wurzel dick, spitz zulaufend und nicht über der Höhe des Rückens getragen werden. *Beine.* — Die Vorderbeine sollten kurz, gerade und muskulös sein. Obwohl die Hinterhand kräftig ist, sollte sie im Verhältnis zur Vorderhand leichter sein. Sprunggelenk gut im Stich gelassen. *Die Füße* sollten kompakt und kräftig sein. *Das Fell* sollte von mittlerer Dichte sein; eine schwarze Farbe ist sehr unerwünscht. Ihr Club ist die Bouledogue Français- Gesellschaft. Sekretär, F. Everard, 11, Milk Street, London, EC

PUNKTESKALA.

Allgemeines Erscheinungsbild und Charakter	15	Ohren (Fledermaus)	10
Schädel	15	Beine	5
Unterkiefer (spezielle Punkte für)	10	Brust	5
Gewicht [3]	20	—	—

| Körper | 15 | Gesamt | 100 |
| Schwanz | 5 | | |

[3] Kein Hund kann die Höchstpunktzahl erreichen, es sei denn, er wiegt weniger als 22 Pfund. *Gewichte.* — Wenn drei Klassen vorgesehen sind, müssen die Gewichte wie folgt sein: (1) Unter 20 Pfund; (2) 20 Pfund. und unter 24 Pfund; (3) 24 Pfund. und unter 28 Pfund.
Wenn nur zwei Klassen angegeben sind, müssen die Gewichte wie folgt sein: (1) Unter 24 Pfund; (2) 24 Pfund, nicht mehr als 28 Pfund. Diese Gewichte können sich ändern.

Yorkshire Terrier. — Punkte des Yorkshire Terriers, wie vom Yorkshire Terrier Club festgelegt. Sekretär, Herr FW Randall, „The Clone", Hampton-on-Thames. *Gesamterscheinung* . — Sollte dem eines langhaarigen Hundes entsprechen, wobei das Fell ziemlich gerade und gleichmäßig an jeder Seite herunterhängt und ein Scheitel von der Nase bis zum Ende des Schwanzes reicht. Das Tier sollte sehr kompakt und gepflegt sein, die Haltung sollte sehr aufrecht sein und eine kräftige Haltung haben. Obwohl der Körper unter einem Haarmantel verborgen ist, sollte der allgemeine Umriss so sein, dass er auf die Existenz eines kräftigen und wohlproportionierten Körpers schließen lässt. *Kopf.* — Sollte eher klein und flach sein, nicht zu hervortretend oder rund im Schädel, noch zu lang in der Schnauze, mit einer vollkommen schwarzen Nase. Der Haaransatz am Kopf muss lang sein, von kräftiger goldener Bräune, an den Seiten des Kopfes um die Ohrwurzeln herum und an der Schnauze, wo er sehr lang sein sollte, ist die Farbe tiefer . Die Haare auf der Brust haben eine satte, helle Bräune. Auf keinen Fall darf die Bräune vom Kopf bis zum Hals reichen und es dürfen sich auch keine rußigen oder dunklen Haare mit der Bräune vermischen. *Augen.* — Mittelgroß, dunkel und funkelnd, mit einem scharfen, intelligenten Ausdruck und so platziert, dass der Blick direkt nach vorne gerichtet ist. Sie sollten nicht hervorstehen und der Rand der Augenlider sollte eine dunkle Farbe haben . *Ohren.* - Klein, V-förmig, halb aufrecht oder aufrecht getragen, mit kurzen Haaren bedeckt, Farbe von sehr tiefer, kräftiger Bräune. *Mund.* — Vollkommen gleichmäßig, mit möglichst gesunden Zähnen. Ein Tier, das durch einen Unfall Zähne verloren hat, stellt keinen Fehler dar, sofern die Kiefer gerade sind. *Körper.* — Sehr kompakt und eine gute Lende. Wasserwaage oben auf der Rückseite. *Mantel.* — Das Haar am Körper ist so lang wie möglich und vollkommen glatt (nicht gewellt), glänzend wie Seide und von feiner, seidiger Textur. Farbe : dunkles Stahlblau (kein Silberblau), das sich vom Hinterkopf (oder der Rückseite des Schädels) bis zur Schwanzwurzel erstreckt und auf keinen Fall mit rehbraunen, bronzefarbenen oder dunklen Haaren vermischt ist. *Beine.* — Ziemlich gerade, gut bedeckt mit Haaren von sattem Goldbraun, an den Enden ein paar Nuancen heller als an den Wurzeln, an den Vorderbeinen nicht höher als bis zum Ellenbogen und an den Hinterbeinen nicht höher als bis zum Kniegelenk. *Füße.* — So rund wie möglich und die Zehennägel schwarz. *Schwanz.* — Auf mittlere Länge geschnitten; Mit reichlich Haar, dunkler blauer Farbe als der Rest des Körpers, insbesondere am Ende des Schwanzes, und etwas höher als die Höhe des Rückens getragen. *Bräunen.* — Alle gebräunten Haare sollten am Ansatz dunkler sein als in der Mitte und an den Spitzen noch heller bräunen . *Gewicht.* — Drei Klassen: 5 Pfund. und unter; 7 Pfund. und darunter, aber über 5 Pfund; über 7 Pfund.

„Silber" Yorkshire. — Punkte identisch mit denen des Standard Yorkshire, wie oben beschrieben, mit Ausnahme der Farbgebung , die wie folgt aussehen sollte: *Rückseite.* -Silber. *Kopf.* — Hellbraune oder strohgelbe Farbe . *Schnauze und Beine.* - Leicht gebräunt. *Ohren.* — Eine Nuance dunklerer Bräune.

WERT DER PUNKTE BEI DER BEWERTUNG.

Menge und Länge des Fells	15	Beine und Füße	5
Qualität und Beschaffenheit des Fells	10	Schwanz (Trage von)	5
Reichhaltige Bräune an Kopf und Beinen	15	Mund	5
Haarfarbe am Körper	15	Bildung und allgemeines Erscheinungsbild	10
Kopf	10		—
Augen	5	GESAMT	100
Ohren	5		

Italienische Windhunde. — Der italienische Windhund ist im Verhältnis etwas voller als der englische Windhund und die Nase ist etwas kürzer. Ansonsten folgt dieser schöne Hund den Linien seines Vorbilds so genau wie möglich, wobei Größenunterschiede gebührend berücksichtigt werden. Die am meisten geschätzte Farbe ist ein goldenes Reh, dann Creme oder ein blaues Reh, gefolgt von Rot und Weiß; Mischungen werden nicht als wünschenswert angesehen. Das Fell sollte sehr fein, weich und glänzend sein. Die beste Größe ist die eines Hundes mit einem Gewicht von etwa 8 Pfund. Gewicht. – Aus Rawdon Lees „Modern Dogs". Hon. Clubsekretärin, Frau Scarlett, Went House, West Malling , Kent.

Maltesisch. – Dies ist wahrscheinlich der älteste der Spielzeughunde, der von den Damen des antiken Griechenlands und zweifellos gleichzeitig auch von anderen Nationen hoch geschätzt wurde. Das Fell ist sehr lang, gerade und seidig (bei erstklassigen Exemplaren über den Boden fegend), völlig frei von Wolligkeit und der geringsten Locke. Farbe : reines Weiß. Die Nase sollte schwarz sein, ebenso der Gaumen. Ohren mäßig lang, die Haare vermischen sich mit denen am Hals. Der Schwanz ist kurz und gut befiedert, eng über dem Rücken zusammengerollt. Die Größe sollte 5 Pfund nicht überschreiten. oder 6 Pfund, je kleiner desto besser, andere Punkte sind richtig. – Rawdon Lees „Modern Dogs". Sie haben den Maltese Club of London. Hon. Sekretär, Arthur Stevenson, 52, Holloway Road, N.

Pudel. — Punkte des perfekten schwarzen Pudels, wie vom Poodle Club definiert. Sekretär, Herr LW Crouch, The Orchard, Swanley Village, Kent. *Gesamterscheinung* . – Das eines sehr aktiven, intelligenten und elegant aussehenden Hundes, gut gebaut und sehr stolz. *Kopf.* – Lang, gerade und fein, der Schädel nicht breit, mit einer leichten Spitze am Hinterkopf. *Schnauze.* – Lang (aber nicht scharf) und stark; nicht voll im Gesicht; Zähne weiß, stark und eben; Zahnfleisch schwarz; Die Lippen sind schwarz und zeigen keinen Lippenglanz. *Augen.* — Mandelförmig, sehr dunkel, voller Feuer und Intelligenz. *Nase.* – Schwarz und scharf. *Ohren.* – Das Leder ist lang und breit, tief angesetzt und hängt eng am Gesicht. *Nacken.* — Gut proportioniert und kräftig, damit der Kopf hoch und würdevoll getragen werden kann. *Schultern.* — Kräftig und muskulös, gut nach hinten geneigt. *Brust.* — Tief und mäßig breit. *Zurück.* – Kurz, kräftig und leicht ausgehöhlt, die Lenden breit und muskulös, die Rippen gut gewölbt und gestützt. *Füße.* — Eher klein und von guter Form, die Zehen gut gewölbt, Ballen dick und hart.

**PUDEL. Foto von JJ Gibson, Penge. Champion „Orchard Admiral"
und „L'Enfant Prodigue ", im Besitz von Mrs. Crouch.**

Beine. — Vorn gerade von der Schulter angesetzt, mit viel Knochen und
Muskeln; Die Hinterläufe sind sehr muskulös und gut gebeugt, die
Sprunggelenke sind gut abgesenkt. *Schwanz.* — Ziemlich hoch angesetzt, gut
getragen, nie eingerollt oder über den Rücken getragen. *Mantel.* — Sehr üppig
und von guter, harter Textur; wenn es mit Schnüren versehen ist, hängt es in
engen, gleichmäßigen Schnüren; wenn nicht geschnürt, sehr dick und kräftig,
von gleichmäßiger Länge, die Locken dicht und dicht, ohne Knoten oder
Schnüre. *Farben* . – Ganz schwarz, ganz weiß, ganz rot, ganz blau. Der weiße
Pudel sollte dunkle Augen, schwarze oder sehr dunkle Leber, Nase, Lippen
und Zehennägel haben. Der rote Pudel sollte dunkelbernsteinfarbene Augen,
dunkle Leber, Nase, Lippen und Zehennägel haben. Der blaue Pudel sollte
eine gleichmäßige Farbe haben und dunkle Augen, Lippen und Zehennägel
haben. Alle anderen Punkte des weißen, roten und blauen Pudels sollten die
gleichen sein wie beim perfekten schwarzen Pudel. *Hinweis* : Es wird dringend
empfohlen, nur ein Drittel des Körpers zu scheren oder zu rasieren und die
Haare auf der Stirn belassen zu lassen.

Auch betreut vom Curly Poodle Club, Hon. Sekretärin, Miss F. Brunker ,
Whippendell House, King's Langley, Herts.

WERT DER PUNKTE.

Allgemeines Erscheinungsbild und Bewegung	15	Beine und Füße	10
Kopf und Ohren	15	Fell, Farbe und Beschaffenheit des Fells	15
Augen und Ausdruck	10	Knochen, Muskeln und Zustand	10
Nacken und Schultern	10		— —
Form des Körpers, der Lende, des Rückens und der Haltung des Hecks	15	GESAMT	100

Der Black-and-Tan Terrier. – Punkte und Standard, wie vom Black-and-Tan Terrier Club vergeben. Sekretär, Herr SJ Atkinson, 184, Adelaide Road, London, NW *Head.* – Lang, flach und schmal, gerade und keilförmig, ohne Wangenmuskeln zu zeigen, gut ausgefüllt unter den Augen, mit spitz zulaufenden, schmallippigen Kiefern und flachen Zähnen. *Augen.* — Sehr klein, funkelnd und dunkel, ziemlich dicht beieinander und von länglicher Form. *Nase.* - Schwarz. *Ohren.* — Klein und V-förmig, dicht am Kopf über dem Auge hängend. *Nacken und Schultern.* — Der Hals sollte ziemlich lang sein und sich von den Schultern zum Kopf hin verjüngen, mit schrägen Schultern, ohne Kehle und leicht gewölbt am Hinterkopf. *Brust.* — Schmal, aber tief. *Körper.* – Mäßig kurz und an der Lende nach oben gebogen; Rippen gut gewölbt; Der Rücken ist an der Lende leicht gewölbt und fällt am Schwanzansatz wieder auf die gleiche Höhe wie die Schultern ab. *Beine.* — Muss ziemlich gerade sein, gut unter dem Hund anliegen und von angemessener Länge sein. *Füße.* – Neigt eher zur Katze als zum Hasenfuß. *Schwanz.* — Mäßige Länge, am Ende des Rückenbogens angesetzt, am Übergang zum Körper dick, spitz zulaufend und nicht höher als der Rücken getragen. *Mantel.* — Dicht, glatt, kurz und glänzend. *Farbe .* — Tiefschwarz und sattes Mahagonibraun, wie folgt über den Körper verteilt: Auf dem Kopf ist die Schnauze bis zur Nase gebräunt, die zusammen mit dem Nasenbein tiefschwarz ist; außerdem gibt es auf jeder Wange und über jedem Auge einen hellbraunen Fleck; Der Unterkiefer und die Kehle sind gebräunt und die Haare im Ohr haben die gleiche Farbe . Die Vorderbeine sind bis zum Knie gebräunt, mit schwarzen Linien (Bleistiftmarkierungen) an jedem Zeh und einem schwarzen Fleck (Daumenmarkierung) über dem Fuß. Die Innenseite der Hinterbeine ist gebräunt, aber am Sprunggelenk schwarz geteilt, und unter dem Schwanz ist sie ebenfalls gebräunt, ebenso die Öffnung, aber nur so weit, dass sie leicht vom Schwanz bedeckt werden kann; außerdem auf beiden Brustseiten leicht gebräunt. Bräunung außerhalb der Hinterbeine, gemeinhin als „Breeching" bezeichnet, ein schwerwiegender Mangel. In allen Fällen sollte das Schwarz nicht in das Braun übergehen oder *umgekehrt*, aber die Trennung zwischen den beiden Farben sollte klar definiert sein. *Gesamterscheinung*. – Ein Terrier, der darauf ausgelegt ist, seinen eigenen Teil in der Rattengrube einzunehmen, und nicht vom Typ Whippet. *Gewicht (für Spielzeug)*. — Nicht mehr als 7 Pfund.

PUNKTESKALA.

Kopf	20	Körper		10
Augen	10	Schwanz		5
Ohren	5	Farbe und Markierungen		15
Beine	10	Allgemeines Erscheinungsbild (einschließlich Terrierqualität)		<u>15</u>
Füße	10		GESAMT	100

PEKINESE. „Yen Chu of Newnham" im Besitz von Frau WH Herbert.

Japanische und Pekingese Spaniels. – Merkmale des japanischen Spaniels, dargelegt vom Japanese and Pekinese Club. Dieser Club ist jetzt in den Japanese Chin Club und den Pekinese Club unterteilt. Der Sekretär beider ist Herr ET Cox, 65 und 66, Chancery Lane, London, EC *General Appearance*. – Das eines lebhaften, hocherzogenen kleinen Hundes mit zierlichem Aussehen, eleganter, kompakter Haltung und üppigem Fell. Diese Hunde sollten in der Bewegung grundsätzlich stilvoll sein, die Füße in der Bewegung hoch heben und den Schwanz (der stark befiedert ist) stolz geschwungen oder mit Federn über dem Rücken tragen. In der Größe variieren sie erheblich, aber je kleiner sie sind, desto besser, vorausgesetzt, Art und Qualität gehen nicht verloren. Bei Aufteilung nach Gewicht sollten die Kurse für unter und über 7 Pfund gelten. *Mantel*. – Das Fell sollte lang, üppig und gerade sein, frei von Locken oder Wellen und nicht zu flach; Es sollte dazu neigen, hervorzustechen, insbesondere an der Halskrause, und am Schwanz und an den Schenkeln eine üppige Befederung aufweisen. *Farbe* . — Die Hunde sollten entweder schwarz-weiß oder rot-weiß , *also* zweifarbig, sein . Der Begriff „Rot" umfasst alle Farbtöne von Zobel, Gestromt, Zitrone und Orange, aber je heller und klarer das Rot, desto besser. Das Weiß sollte klar weiß sein und die Farbe , ob schwarz oder rot, sollte gleichmäßig über den Körper, die Wangen und die Ohren verteilt sein.

Kopf. — Sollte für die Größe eines Hundes groß sein, mit breitem, vorne abgerundetem Schädel; Augen groß, dunkel, weit auseinanderliegend; Schnauze sehr kurz und breit und gut gepolstert – *das heißt* , die Oberlippen sind auf beiden Seiten der Nasenlöcher abgerundet, die groß und schwarz sein sollten, außer bei rot-weißen Hunden, bei denen eine braun gefärbte Nase vorhanden ist üblich wie ein schwarzer. *Ohren.* — Sollte klein, weit auseinander und hoch auf dem Kopf des Hundes sitzen und leicht nach vorne getragen werden, V-förmig. *Körper.* — Sollte kantig und kompakt gebaut sein, eine breite Brust haben und eine „ stämmige " Form haben. Die Körperlänge des Hundes sollte etwa seiner Körpergröße entsprechen. *Beine und Füße.* — Die Beine sollten gerade und die Knochen in Ordnung sein; Die Füße sollten lang und hasenförmig sein. Die Beine sollten an den Vorderbeinen bis zu den Füßen und an den Oberschenkeln hinten gut befedert sein. Auch die Füße sollten befedert sein.

Die Punkte des Pekinesen (wie vom selben Verein vergeben). *Gesamterscheinung* . – Das eines urigen und intelligenten kleinen Hundes, ziemlich lang im Körper, mit schwerer Vorderbrust und O-Beinen – *das heißt* , sie sind an den Ellbogen weit nach außen gerichtet –, wobei der Körper hinten leichter abfällt. Der Schwanz sollte ganz oben in einer Kurve über dem Rücken des Tieres getragen werden, jedoch nicht zu eng eingerollt. Die Größe dieser Hunde ist sehr unterschiedlich, aber je kleiner, desto besser, vorausgesetzt, Typ und Punkte werden nicht geopfert. Bei Aufteilung nach Gewicht sollten die Kurse für weniger als 10 Pfund gelten. und über 10 Pfund. *Beine.* — Sollte kurz und ziemlich knochenstark sein, aber nicht übertrieben, da Grobheit in allen Punkten vermieden werden sollte; Sie sollten am Ellenbogen gut ausgestreckt sein und die Füße sollten ebenfalls nach außen gerichtet sein. Beide Beine und Füße sollten befedert sein. *Kopf.* — Sollte mittelgroß sein, mit breitem Schädel, flach zwischen den Ohren, aber abgerundet an der Stirn, sehr kurzer Schnauze (*nicht* hängend) und sehr breit. Das Gesicht sollte faltig sein und die Nasenlöcher sollten schwarz und voll sein. Augen groß und glänzend; Ohren hoch am Kopf angesetzt und V-förmig; Sie sollten mittelgroß sein (die Spitzen reichen nie unter die Schnauze) und mit langen, seidigen Haaren bedeckt sein, die weit unter das eigentliche Ohrleder reichen. *Farbe* . — Diese Hunde sollten entweder rot, beige, zobelfarben oder gestromt sein, mit schwarzen Masken, Gesichts- und Ohrenschattierungen oder ganz schwarz. Weiße Flecken an Füßen oder Brust stellen zwar keine Disqualifikation dar, sollten aber nicht gefördert werden. *Mantel.* — Sollte lang, flach und eher seidig sein, außer an der Rüsche, wo sie hervorstehen sollte, wie eine Löwenmähne. Das Gefieder an den Oberschenkeln und am Schwanz sollte sehr üppig sein und vorzugsweise eine hellere Farbe haben als der Rest des Fells.

Es gibt auch die Pekin Palace Dog Association. Sekretärin, Miss LC Smythe, 115, Delaware Mansions, Sutherland Avenue, London, W.

Einige andere Clubs lauten wie folgt (aber in vielen Fällen ist es üblich, den Sekretär jährlich zu wechseln, sodass diese Adressen nicht alle dauerhaft sind, obwohl Briefe im Allgemeinen ihre Markierung finden):

Halifax und District Yorkshire Terrier Club (Sekretär, T. Whiteley , 10, High Street, Halifax).

Manchester und District Yorkshire Terrier Club (Sekretär, J. Hardman, 9, Richmond Street, Newton Heath, Manchester).

Oldham Toy Dog Society (Ehrensekretär, AE Stansfield, 209, Park Road, Oldham).

Yorkshire Pom Club (Ehrensekretär, E. Poppleton, 1, Clarendon Street, Wakefield).

Toy Dog Society of Scotland (Sekretär, James Cameron, 61, Lothian Road, Edinburgh).

North of England Toy Dog Club (Sekretär, R. Weatherhead , 14, Arctic Parade, Great Horton, Bradford).

Toy Dog Society (Sekretär, ET Cox, 65 und 66, Chancery Lane, EC).